테라리움 잘 만드는 법

MD 씨앗문고

테라리움 잘 만드는 법

초판 1쇄 찍음 2024년 5월 16일 **초판 1쇄 펴냄** 2024년 5월 23일
지은이 김윤구 **펴낸이** 이정희 **기획, 일러스트** 아피스토
아트디렉터 김태주 **디자인** Labi.D **마케팅** 신보성 **독자교정** 수염&부엉
제작 (주)아트인 **펴낸곳** 미디어샘 **등록** 제311-2009-33호(2009년 11월 11일)
주소 03345 서울시 은평구 통일로 856 메트로타워 1117호
대표전화 02-355-3922 **팩스** 02-6499-3922
전자우편 mdsam@mdsam.net **블로그** www.mdsam.net
ISBN 978-89-6857-241-8 14520
978-89-6857-242-5 SET

• MD 씨앗문고는 식물을 사랑하는 이에게 가장 쓸모 있는 식물 지식을 전달하는
미디어샘의 식물실용서 시리즈입니다.
• 씨앗문고는 식물을 사랑하는 독자 여러분의 소중한 투고를 기다리고 있습니다.
책으로 펴내고 싶은 원고나 제안은 mdsam@mdsam.net으로 보내주세요.

테라리움 잘 만드는 법

김윤구

미디어샘

차례

프롤로그

자연의 힘 담아낸 나만의 작은 생태계

테라리움은 작은 정원이자, 자연의 신비한 세계를 담은 작은 우주다. 우리 일상은 가끔 자연과의 연결이 끊어진 것처럼 느껴질 때가 있다. 하지만 테라리움은 작은 유리병 속에 작은 식물을 넣고 흙과 돌을 배치함으로써, 자연을 우리 안으로 끌어들여 연결 고리를 되찾게 해준다.

테라리움은 테라리움terrarim은 '땅'을 뜻하는 '테라terra'와 용기 또는 공간을 나타내는 '아리움-arium'의 합성어다. 투명한 용기 속에 식물을 키우고 감상하는 작품을 뜻한다. 테라리움의 가장 큰 특징은 작은 유리병에서부터 육면체의 수조에 이르기까지 크기와 모양에 구애받지 않고 누구나 쉽게 만들 수 있다는 것이다.

이 책은 테라리움뿐 아니라 육지과 물이 어우러진 팔루다리움paludarium을 만드는 법을 함께 다룬다.

작은 책에 맞게 필요한 정보만 알차게 담아냈다. 테라리움의 간략한 역사에서부터 테라리움 식물의 생육 환경과 식재법, 테라리움의 레이아웃 및 제작법, 그리고 지속가능한 유지와 관리법에 이르기까지, 꼼꼼한 일러스트와 함께 핵심적인 내용만 추려내어 누구나 쉽게 따라할 수 있도록 구성했다.

생태계의 모든 원리가 담겨 있는 작은 우주 테라리움을 통해, 자연에게 치유 받고 자연을 새롭게 발견하는 계기가 되길 바란다.

김윤구

테라리움이란
무엇일까

유리병 속의 작은 생태계

테라리움은 방 한편에 '자연의 한 조각'을 옮겨와 힐링할 수 있는 좋은 매개체다. 테라리움을 만드는 일이란 마치 조물주가 생태계를 만드는 과정과 꽤 닮아 있다. 둥근 유리 볼에 작은 육지를 만들고 그 땅 위에 생명체를 얹어내 공존하는 모습을 바라볼 수 있기 때문이다.

테라리움은 어떠한 형태의 자연도 작은 유리병 안에 구현할 수 있다. 멀리 떠나야 만날 수 있는 이국적인 자연 풍경은 물론이고 자신의 상상 속에 존재하는 자연 공간의 판타지를 눈앞에 구현할 수도 있다. 제작방법이나 제작에 필요한 용기, 재료 등도 정해져 있지 않아 창작의 자유도와 접근성도 좋다. 집에서 사용하지 않는 와인잔이나 유리컵 등으로도 얼마든지 미니 테라리움을 만들 수 있다. 굳이 고가의 장비와 재료를 구매하지 않아도 쉽게 입문할 수 있다는 것은 큰 장점이다.

테라리움은 다른 예술 장르와 비교했을 때 조금은 특별하고 재미있는 점이 있다. 바로 시간의 흐름에 따라 결과물이 달라지는 '살아 있는 예술'이라는 점이다. 시간의 흐름 속에서 생기는 변수와 우연을 예상할 수 없다는 것이 테라리움의 매력이다.

때로는 습한 환경에서 곰팡이가 자라거나 이름 모를 버섯이 자라기도 하며, 식재한 이끼나 식물 속에 숨겨 있던 씨앗이 발아되어 새로운 탄생을 보여주기도 한다.

지속가능한 자연

잘 관리된 테라리움은 오랜 시간 유지되고 멋지게 자리잡은 자연의 모습을 보여준다. 현재 세계에서 가장 오래된 테라리움은 무려 60년 이상 유지되었다. 1960년, 영국의 데이비드 라티머David Latimer는 커다란 유리병에 테라리움을 만들었다. 그는 약 40리터 용량의 유리병에 달개비종의 식물 몇 촉을 식재하고 입구를 완전히 밀봉했다. 그는 관리라고 할 것도 없이 그 테라리움을 방치해두었다. 단순한 호기심에서 시작한 그의 테라리움이 "세계에서 가장 오래된 테라리움"이라는 타이틀과 함께 훌륭한 과학적 연구가 될 것이라고는 아무도 상상하지 못했다.

데이비드의 테라리움은 여러 해 동안 광합성을 통해 영양분과 수분을 잘 공급받아 건강하게 성장했다. 심지어 1972년 이후에는 물을 주지 않았음에도 불구하고, 아름다운 식물 생태가 유지되었다.

그의 테라리움이 오랫동안 유지될 수 있었던 비결은 무엇일까? 식물은 광합성을 통해 산소와 습기를 공기 중으로 방출한다. 이렇게 만들어진 물은 유리병에 맺혀 다시 바닥으로 떨어지면서 식물이 충분한 수분을 공급받을 수 있게 된다. 또한, 광합성작용을 통해 얻어진 이산화탄소는 식물에게 필요한 양분이 된다. 이 과정이 작은 생태계를 순환하게 하는 비밀의 열쇠다.

실내 미세먼지 감소 효과 있는 테라리움

테라리움은 인테리어 소품으로도 각광 받고 있다. 거실, 책상, 부엌 등 어느 곳에 두어도 이질감 없이 집 안의 분위기를 부드럽게 한다. 테라리움을 구성하는 이끼와 식물이 대부분 녹색이기 때문이다. 녹색은 자연의 색이며, 우리에게 편안함을 준다. 그리고 녹색은 성장과 안정, 풍요 등을 상징할 만큼 정서적으로도 도움을 주는 색상이다.

테라리움은 실내 대기질을 정화하는 데도 탁월한 능력이 있다. 2019년 기준, 대한민국은 OECD 국가 중 초미세먼지 오염 농도 1위를 차지했다. 우리는 실내로 유입되는 미세먼지를 막기 위해 가정에서도 쉴 새 없이 공기청정기를 돌린다. 하지만 이끼로 만든 '이끼리움이끼 테라리움'은 공기청정기 못지 않는 역할을 수행한다. 특히 이끼는 미세먼지 내 물질을 흡수 분해하고, 휘발성 유기화학 물질이나 폐기물 등을 분해하여 공기 중의 이산화탄소를 감소시켜준다. 테라리움은 축소된 자연의 아름다움과 함께 천연 공기청정기의 역할까지 하니 일거양득이다.

테라리움은
언제 시작되었을까

유리상자의 발견, 워디언 케이스

테라리움은 약 200여 년 전, 영국의 너새니얼 백쇼 워드Nathaniel Bagshaw Ward, 1791~1868의 우연한 발견에서 시작되었다. 워드는 런던의 화이트채플Whitechapel이라는 동네에서 일하는 평범한 외과의사였다. 그는 의사였지만 식물을 너무 사랑한 나머지 박물학자로도 활동했다. 워드는 병원에서 퇴근하자마자 식물을 채집하여 키우는 것을 즐겼으며 자신의 정원을 가꾸는 것은 물론, 끊임없이 식물을 활용한 다양한 실험도 했다.

1829년, 워드는 병 안에 흙과 나방의 번데기와 양치식물을 넣은 뒤, 번데기의 부화를 기다리는 단순한 실험을 하게 된다. 병 안에서 나방이 고치를 뚫어 부화하면서 워드의 실험은 성공적으로 마무리되었다. 그런데 그는 실험 결과보다 더 놀라운 발견을 하게 되는데, 바로 병에 함께 넣어둔 양치식물이 어떠한 관리도 받지 않은 채 3년을 버텨냈다는 것이다. 이렇게 워드는 식물이 밀폐된 유리 상자에서 장기간 살 수 있다는 것을 깨닫게 된다.

식물 운반의 시작

19세기 초, 런던의 중심지는 제조업의 발달로 많은 공장이 들어섰고 매캐한 매연이 도시를 덮었다. 식물이 성장하고 생존하는 데는 물과 빛, 온습도도 중요하지만, 식물이 사는 환경의 공기질도 중요하다. 워드가 사는 런던의 중심부 웰클로스 스퀘어의 대기질은 식물이 살기에는 최악의 조건이었다. 그 때문인지 그가 채집하여 정원에서 키우는 식물은 대부분 환경이 맞지 않아 죽게 된다. 워드는 어떻게 하면 식물을 대기오염으로부터 지킬 수 있을지 고민하던 끝에, 이전에 진행했던 나방 부화 실험을 떠올렸다. 그 이후 그는 4년간 채집한 식물을 유리 상자 안에 넣어 키우고 유지하는 실험을 진행했다. 단순한 호기심과 식물을 아끼는 마음에서 출발한 이 실험은 인류의 역사를 바꾸는 성공적인 결과물을 가져오게 된다.

워드의 발견은 곧장 발명으로 이어졌다. 1833년 그는 이끼와 양치류를 밀폐된 유리 상자에 가득 담아 배에 실은 후, 런던에서 시드니까지 운반하는 실험을 시작했다. 그런데 그 식물들은 놀랍게도 항해하는 몇 개월 동안 싱싱한 상태를

테라리움의 시초, 워디언 케이스

유지했다.

또한, 같은 유리 상자 안에 호주 자생식물을 담아 런던으로 복귀하는 실험도 했다. 반년이라는 긴 시간을 거쳐 런던에 도착한 식물은 온전했고 심지어 건강하게 성장까지 한 결과를 보였다. 그렇게 밀폐된 유리 상자는 워드의 이름을 따서 '워디언 케이스Wadian case'로 불렸다.

워디언 케이스의 원리

워디언 케이스에서 식물이 장시간 살 수 있었던 이유는 간단했다. 식물에 필요한 요소인 물은 병 안에서 응결되어 벽을 타고 다시 바닥에 떨어지게 되고, 빛이 투명한 유리를 관통하여 내부 온도를 유지한다. 그리고 그 빛이 식물에 직접적으로 닿아 광합성을 하게 되는 원리다. 바로 지금 우리가 알고 있는 테라리움의 원리와 같다.

워디언 케이스는 식물을 운반하는 목적이었지만, 시간이 흐르면서 실내 장식, 원예 장식품과 같은 미美의 영역으로 진화했다. 오늘날 테라리움은 높이 121센티미터, 길이 91센티미터, 폭 45센티미터의 목재와 유리 창문을 활용한 당시 워디언 케이스를 모티프로 하여 탄생한 것이다. 테라리움은 그 원리를 이용하여 아름다운 예술 작품이자 많은 사람이 즐길 수 있는 취미가 되었다.

다음 장에서는 본격적으로 테라리움을 만드는 데 필요한 식물의 생육환경과 함께 테라리움 제작을 위한 재료와 기법에 대해 다루도록 한다.

테라리움 안에서
식물 잘 자라게 하는 법

테라리움에 적합한 식물은 따로 있다

습계형 테라리움열대식물 중심의 테라리움은 열대의 정글이나 습지를 재현하고 꾸미는 것을 목적으로 한다. 밀폐된 환경에서 식물을 키워야 하는 환경이다. 따라서 테라리움에 사는 식물은 비교적 적은 광량과 '게으른' 물관리가 오히려 도움이 된다. 테라리움에서 키우는 식물은 다음 2가지의 조건을 갖추어야 한다.

첫째, 작은 크기의 식물을 선택해야 한다. 이끼나 크게 크지 않는 종을 선택하는 것이 중요하고, 여력이 되지 않으면 화원에서 크기가 커지는 종이라도 유묘를 구입한다면, 작게 유지할 수 있다. 이 경우에는 뿌리가 퍼지는 것을 막기 위해 소형 플라스틱분일반적으로 '플분'으로 줄여서 부른다에 심은 뒤 식재할 필요가 있다. 뿌리가 퍼지면 식물도 커지기 때문이다.

두 번째, 빛 요구량이 적은 식물을 선택해야 한다. 조명의 광량을 높여 빛 요구량이 많은 식물을 식재할 수도 있지만,

테라리움은 기본적으로 빛이 적은 환경에서 자라는 식물을 식재해야 일관된 콘셉트를 유지할 수 있다.

4개 영역에 따라 식물 선택을 다르게 한다

테라리움의 식물은 위치와 광량에 따라 식물을 선택해야 한다. 높은 습도와 적은 빛, 그리고 작은 크기라는 조건을 갖추어야 하며 주변에서 쉽게 구할 수 있는 식물이면 더욱 좋다. 식재할 식물은 위치에 따라 크게 전경앞부분, 중경중간부분, 후경뒷부분, 벽면으로 나눠서 선택해야 한다. 여기에 더해 시선을 끌 수 있는 원포인트 식물이 포함된다. 원포인트 식물은 주로 중경이나 벽면에 위치하는 것이 좋다.

맨 앞에 배치하는 전경식물

맨 앞쪽에는 정원의 잔디와 같은 역할을 한다. 따라서 키가 낮은 식물을 심어 뒤쪽의 중경식물과 후경식물을 가리지 않도록 한다. 또한 이 부분은 조명과 거리가 가장 멀기 때문에 음지식물인 이끼류를 주로 쓰는 것이 좋다. 깃털이끼, 털깃털이끼가 대표적이다. 이끼 사이에는 셀라지넬라 운시나타를 심는 것도 궁합이 좋다. 운시나타는 광량에 따라 다채로운 색을 보여주는 매력적인 식물로 테라리움과 잘 맞는 소형 양치식물이다.

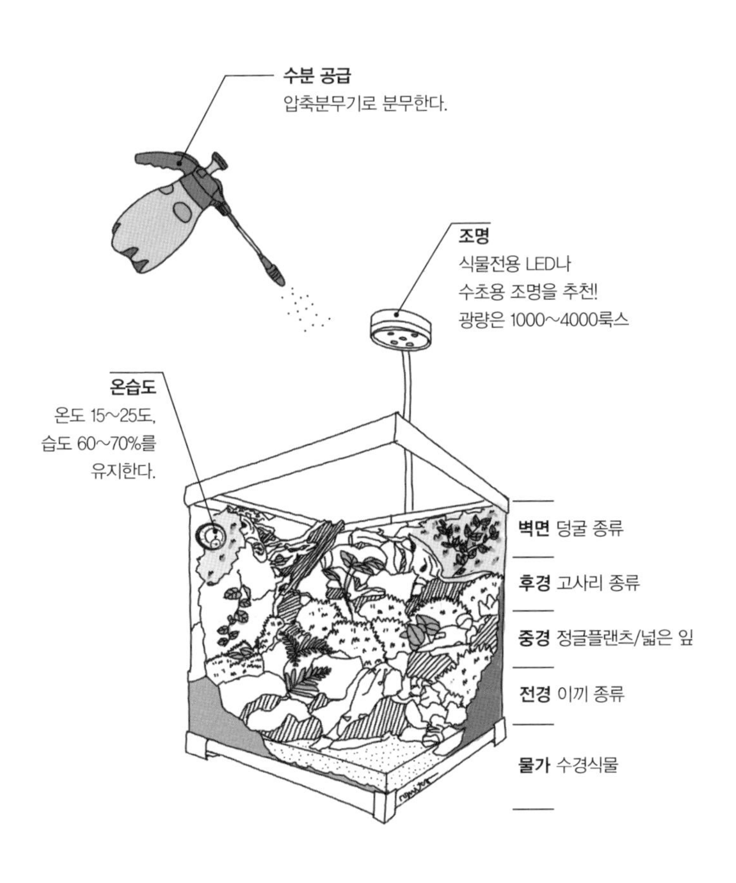
수분 공급
압축분무기로 분무한다.
조명
식물전용 LED나
수초용 조명을 추천!
광량은 1000~4000룩스
온습도
온도 15~25도,
습도 60~70%를
유지한다.
벽면 덩굴 종류
후경 고사리 종류
중경 정글플랜츠/넓은 잎
전경 이끼 종류
물가 수경식물

위치에 따른 식물의 식재

원포인트가 되는 중경식물

중간 부분은 조명과 가까워지면서 광량이 증가하며 정면에서 봤을 때 시선이 가장 먼저 닿는 곳이다. 따라서 비교적 잎이 넓은 원포인트 식물을 배치하는 것이 좋다. 수박페페나 타이거 베고니아, 보석란, 라비시아, 호말로메나, 피토니아, 크립탄서스 등이 그 예다.

특히 피토니아나 크립탄서스는 다양한 색과 패턴을 가진 원예품종으로 시선을 끌 수 있으며, 라비시아나 호말로메나와 같은 정글플랜츠습도 90% 이상에서 서식하는 열대 우림의 소형식물는 화려한 색상과 아름다운 잎맥을 갖고 있어 열대우림의 원시적인 자연미를 표현하기에 좋다.

병풍처럼 감싸는 후경식물

후경식물은 뒤쪽을 병풍처럼 둘러싼 채 앞쪽의 식물을 돋보이게 하는 역할을 한다. 따라서 패턴이 화려한 식물보다 풍성한 부피감을 줄 수 있는 식물이 좋다. 더피고사리나 상록넉줄고사리와 같은 고사리류가 제격이다. 벽면이 없더라도 밀집된 공간을 표현해줄 수 있기 때문이다.

단, 후경식물은 조명과 가장 가까운 부분에 위치하게 되므로 조명과 너무 가까이 닿지 않게 관리해야 한다. 발열이 심한 조명에 닿으면 잎이 타거나 마를 수 있다. 또한 너무

위치에 따른 식물의 종류

위치	식재 식물
전경 또는 저면	깃털이끼, 털깃털이끼, 가는흰털이끼, 셀라지넬라 운시나타 등
중경	수박페페, 휴케라, 타이거 베고니아, 보석란, 라비시아, 호말로메나, 사라세니아, 에피스시아, 피토니아*, 꼬리이끼*, 크립탄서스* 등
후경	더피고사리, 상록넉줄고사리, 뮤렌베키아 등
벽면	피커스 푸밀라, 필레아 리펜스, 왕모람, 마르크그라비아*, 소형 라피도포라*, 브로멜리아드*, 이오난사* 등
물가	들덩굴초롱이끼, 니그로 워터론, 아누비아스 나나, 노치도메, 삼각모스, 크립토코리네 등

* 표시는 원포인트 식물

큰 잎이나 많은 양을 식재하면 안 된다. 후경식물이 지나치게 커지면 그늘이 생기면서 아래 식물들이 제대로 광합성을 할 수 없기 때문이다.

밀림을 재현하는 벽면식물

테라리움의 뒷 유리면에는 다양한 재료를 이용하며 벽면을 만들기도 한다. 이때 벽면에는 소형의 덩굴종으로 채우는 것이 좋다. 벽면 레이아웃의 의도는 울창한 밀림을 재현하기 위한 목적이 크므로 덩굴종이 충분히 드라마틱한 효과를 낼 수 있다. 애기모람이나 왕모람유통명 피커스 푸밀라와 같은 덩굴종이 구하기도 쉬우며 한번 성장하면 울창한 숲을 재현할 수 있어서 무난하다.

브로멜리아드나 크립탄서스를 벽면에 배치한다면 붉은 빛이 덩굴종과 대비를 이루면서 원포인트 식물로 역할을 톡톡히 할 수 있다. 또한 마르크그라비아나 소형 라피도포라와 같은 정글플랜츠는 벽을 타고 길게 뻗어올라가는 덩굴식물이어서, 포인트를 주기에 적당하다.

물속 풍경을 담당하는 물가 식물

육지부와 수중부가 어우러진 팔루다리움은 물속에서도 식물을 키울 수 있으므로 선택지가 더 넓어진다. 니그로 워터론, 아누비아스 나나, 노치도메, 삼각모스 등 다양한 수초를 식재할 수 있다. 이러한 식물들은 내부의 습도도 높기 때문에 습도관리만 잘한다면 육지에서도 성장이 가능하다.

테라리움을 유지하기 위한 환경

실내와 비슷한 온도

테라리움의 내부 온도는 15~25도 사이가 적당하다. 대체로 일반 가정집의 실내 온도와 비슷하다고 생각하면 된다. 하지만 내부 온도가 30도를 넘지 않도록 주의해야 한다. 밀폐된 테라리움의 내부는 생각보다 빨리 온도가 올라가니 이를 꼭 인지해야 한다. 습기가 가득 찬 내부에 온도가 올라가면 식물은 마치 데친 나물 반찬처럼 흐물거리다 죽게 될 것이다. 테라리움의 식물은 대부분 열대가 원산인 경우가 많은데, 열대식물은 기온이 너무 높으면 수분 증발을 막기 위해 기공을 닫는다. 잎의 기공이 닫히면 CO_2 흡수가 멈추면서 광합성이 제대로 이루어지지 않는다. 광합성이 이루어지지 않으면 식물은 죽게 된다.

따라서 뜨거운 여름철에는 햇빛이 닿지 않고 통풍이 잘되는 서늘한 장소에서 관리해야 한다. 에어컨으로 실내 온도를 관리하는 것도 좋은 방법이다. 겨울철에는 실내 온도를 20도 이상으로 유지하거나 찬 바람이 부는 창가에 두지 않는 것을 권장한다.

높은 습도를 유지하자

테라리움의 내부 습도는 60~70%를 유지하는 것이 이상적이다. 뚜껑 없이 개방된 테라리움은 습도를 유지하는 데 어려움이 있으므로, 초보자의 경우 밀폐형 테라리움으로 시작하는 것이 좋다. 하지만 장시간 완전히 밀폐한 상태를 유지한다면 유리벽에 습기가 차서 작품 감상에 어려움이 있을 수 있으니, 환기 구멍이 있는 아크릴 뚜껑을 구매하거나 기존 뚜껑을 비스듬하게 덮어서 환기를 시켜주는 것이 좋다.

테라리움을 망치게 되는 주요 원인은 건조보다 과습인 경우가 많다. 식물이 물을 좋아한다는 이유로 매일같이 분무를 해준다면 과습이 올 확률이 매우 높다.

수중부와 육지부가 공존하는 팔루다리움의 경우는 흐르는 물로 내부의 온습도가 더 쉽게 상승할 수 있다. 따라서 팔루다리움의 경우에는 하루에 10분 정도 문을 개방하여 환기를 시켜주는 것이 좋다.

물의 공급은 게으르게

테라리움은 화분 식물과 달리 대부분 분무기로 물을 공급한다. 유리병 테라리움의 경우에는 습기가 하나도 차지 않거나, 물방울이 건조되어 하얗게 물때가 끼어 있을 때 물을 분무하자. 밀폐된 테라리움은 습도가 내부에 갇혀 있기 때문에 물을 자주 공급하지 않아도 습도가 일정하게 유지되니, 짧게는 일주일에 한 번, 길게는 한 달에 한 번 분무를 해주어도 충분하다. 단, 개방형이거나 양문형의 경우는 물 주는 기간은 더 짧아진다. 최소 하루에 한번은 가볍게 분무해야 한다. 배수층에 물이 고이지 않도록 식물의 표면에만 가볍게 분무하여 수분을 공급해주는 것이 바람직하다. 최근에는 자동으로 분무해주는 미스팅기가 보급되면서 좀더 편하게 물을 줄 수 있게 되었다.

테라리움에 물을 주는 가장 좋은 방법은 압축분무기를 이용하는 것이다. 500ml의 물을 공급할 때 일반 분무기로 약 5분이 걸리지만 압축분무기는 2분 정도가 걸린다. 물조리개는 물이 여기저기 튀어 사용하기에 불편한 부분도 있다. 분무를 하는 횟수를 줄이고 싶다면 배수층에 물을 자박자박하게 붓는 것도 하나의 방법이다. 다만 이때는 적옥토나 녹소토와 같이 기공이 있는 배수재를 사용하여 모세관현상으로 물을 빨아올릴 수 있도록 해야 한다. 그러므로 마사토와 같이 기공이 없는 돌은 사용해서는 안 된다.

적은 빛으로도 잘 산다

식물에게 빛은 가장 중요한 주식이자 성장하는 데 필수요소다. 하지만 테라리움 식물의 장점이라면 밖에서 자라는 관엽식물과 달리 빛에 까다롭지 않다는 것이다. 자연광을 공급할 수도 있지만, 테라리움을 원하는 장소와 위치에 놓고 감상하려면 인공 조명으로 관리하는 편이 낫다.

일반 LED등으로도 테라리움을 유지하는 데 큰 문제는 없다. 하지만 식물을 좀더 건강하게 키우기 위해서는 식물전용 LED등이나 수초전용 LED등을 사용하는 것이 좋다. 또한, 겨울철 온도를 맞추기 위해 사용하는 것이 아니라면 발열이 강한 조명은 피해야 한다.

빛의 양은 식물마다 다르지만 일반적으로 1,000~4,000 룩스lux가 적당하다. 이 수치는 맑은 날 나무 그늘 아래 이끼가 자라는 환경과 비슷하다. 만약 그 이상으로 조도가 올라간다면 음지를 좋아하는 이끼나 양치식물 류는 잎이 노랗게 탈 수 있다. 따라서 스마트폰의 조도계 어플로 조명과 식물 사이의 조도를 측정하여 적절한 높이를 찾는 것이 중요하다. 조명은 하루에 8~12시간 이상 켜서 광합성을 할 수 있게 해주면 적당하다.

흙에 영양분이 없어야 한다

식물을 잘 키울 수 있는 흙과 식물을 오랫동안 키울 수 있는 흙은 다르다. 일반 관엽식물은 영양분을 충분히 공급하거나 분갈이를 통해 크게 또는 빨리 성장시키는 것이 목적이지만, 테라리움에서는 최대한 식물을 작고 느리게 오랫동안 키우는 것이 중요하다. 그런 이유로 테라리움에서 피해야 할 흙은 영양분이 많은 부엽토다. 부엽토는 입자 또한 조밀하기 때문에 부패와 해충의 주요 원인이 될 수 있다.

비료는 액체 비료로

테라리움에서는 비료가 크게 중요하지 않다. 대부분 테라리움에서 자라는 식물들은 열대 밀림의 하단부에서 살거나 나무나 바위에 착생하여 사는 경우가 많다. 즉, 빛 요구량이 적은 혹독한 기후가 고향이라는 이야기다. 오히려 영양분이 많으면 웃자라거나 잎이 커지는 부작용이 생길 수 있다. 작은 공간에서 식물이 커진다면 레이아웃을 해칠 뿐 아니라, 다른 식물의 성장을 방해할 수 있다. 다만, 식물 성장의 속도를 높이고 싶다면 하이포넥스와 같은 액체 비료를 물과 2,000배 희석하여 분무하면 된다. 액체 비료는 고체 비료와 달리 지속성이 없고 단기간에 성장시킬 수 있는 속효성 비료이기 때문에 필요 시 분무하기에 좋다. 단, 유기질 비료는 벌레가 생길 수 있으므로 피한다.

식물 크기는 작게 유지한다

테라리움을 오래 관리하다 보면 식물이 너무 풍성해져 감당하기 힘들 때가 찾아온다. 울창하게 자란 식물 그 자체로도 멋있지만, 식물이 너무 빼곡하게 자라면 그늘이 생겨서 아래 식물들이 광합성하기 힘들다.

이럴 때는 분재에서 흔히 쓰는 '잎베기'를 해야 한다. 잎을 반 정도씩 잘라내면 식물의 기세가 약해지면서 새 잎의 크기를 작게 만들 수 있다. 만약 지나치게 세력이 확장되었다면 줄기를 잘라내어 물꽂이나 수태꽂이를 하여 번식용 개체를 만들어둔다. 너무 많은 식물을 식재하지 않는 것도 방법이다. 식물 대신 돌과 유목을 배치함으로써 식물이 밀집해서 자라는 것을 방지한다면 장기적으로 유지하기 쉬워질 것이다.

식물은 정기적으로 트리밍해주자

테라리움을 건강하게 관리하기 위해서는 트리밍trimming, 줄기 또는 잎을 잘라주는 일을 꼭 해줘야 한다. 이끼의 경우에는 성장 속도가 느려, 많이 자랐다고 해도 케이스 내부를 가득 채울 만큼 드라마틱한 성장을 보여주지 않는다. 하지만 애기모람이나 왕모람 같은 덩굴종은 자리를 잡으면 무서운 성장세를 보인다. 내부를 뒤덮은 덩굴종이 다른 식물들의 광합성을 방해하여 시들어버리는 경우도 많다. 트리밍을 하기 전에는 반드시 가위를 알코올솜으로 소독해야 한다. 절단면에 세균 침투를 막기 위해서다.

트리밍을 해야 하는 경우

1. 덩굴식물이 아래 식물의 광합성을 방해할 때
2. 한 식물이 다른 식물을 휘감아 성장을 방해할 때
3. 테라리움 정면에 식물이 빼곡히 자라 감상을 방해할 때
4. 습도, 광량 등의 이유로 식물이 시들 때

식물 케어박스를 만들자

테라리움을 유지하다보면 식물을 별도로 관리해야 할 필요가 생긴다. 식물을 건강하게 축양해두었다가 필요할 때 쓸 수 있기 때문이다. 특히 이끼나 덩굴종은 테라리움에 가장 많이 사용하는 식물이므로 케어박스를 마련하여 넉넉히 준비해두는 것이 좋다. 트리밍한 식물을 버리지 말고 케어박스에 축양을 하는 것도 좋은 방법이다.

리빙박스는 식물 축양용 케어박스로 안성맞춤이다. 케어박스는 식물이 여유롭게 들어갈 크기의 리빙박스를 구매하는 것을 추천한다. 또한, 빛이 잘 통해야 하니 내부가 보이는 투명한 리빙박스가 좋다.

리빙박스에 난석, 화산석, 적옥토와 같은 작은 입자의 재료를 깔아 배수층을 만든 후 그 위에 젖은 수태를 올리기만 하면 간단하게 식물 케어박스가 완성된다. 다만 수태가 물을 너무 많이 머금고 있다면 과습으로 인한 피해가 생길 수 있으니 수태의 물을 충분히 짜내어 사용하는 것이 좋다.

잘라낸 식물을 가지런히 정리하여 공기 뿌리가 젖은 수태에 완전히 밀착할 수 있도록 눌러주는 것이 중요하다. 그래야만 식물이 뿌리를 안정적으로 내리며 성장을 할 수 있다.

케어박스는 빛이 잘 드는 창가에 두거나 식물등을 활용하여 빛을 제공해주고 내부 벽에 물기가 사라지거나 수태가 말라갈 때쯤 분무기로 가볍게 수분을 보충해준다. 내부에 과도한 습도로 물방울이 너무 많이 응결되거나 높은 온도의 환경이라면 하루에 10~30분 짧게 환기를 시켜주자.

식물 채집의 에티켓

다양한 환경 속에서 자라는 이끼나 고사리를 찾기 위해 탐방을 떠난다면 많은 식물의 서식환경이나 생태를 체험할 수 있어서 좋은 경험이 된다. 하지만 자연에 사는 식물을 마음대로 채집해서는 안 된다. 자연에서 식물을 채집할 때는 채집의 에티켓과 규칙을 지키자. 먼저 허락 없이 사유지에서 채집해서는 안 된다. 또한 대량으로 채집하여 키우거나 판매해서도 안 된다. 그 규칙에 맞게 이끼나 고사리를 채집했다면 채집한 자리를 잘 정돈하자. 채집한 자리가 듬성듬성 움푹 파인 채로 두는 것은 미관상 좋지 않다.

채집한 식물을 테라리움 제작에 사용해도 되지만 가장 안전한 방법은 인터넷이나 시중에서 이끼를 구매하는 것이다. 판매용 이끼는 해충 검역과 세척을 완료하였기 때문에 훨씬 안전하다.

테라리움의 주요 소재, 이끼

이끼는 지구상에서 가장 오래된 식물 중 하나로, 지금까지 약 4억 년 동안 존재해왔다. 공룡보다 약 1억 4,300년 선배인 셈이다. 오늘날 지구상에 약 1만 6,000종이 존재하지만 아직까지도 발견하지 못하거나 분류되지 않은 종도 다수 존재한다.

이끼는 산이나 숲 또는 도시의 보도블럭 틈 사이에서도 쉽게 볼 수 있을 정도로 우리에게 친근한 식물이다. 이끼는 테라리움에서 가장 많이 쓰이는 재료이므로 좀더 자세히 알아보도록 하자.

이끼의 특징

이끼는 다른 식물과 다르게 뿌리로 양분을 흡수하지 않는다. 그래서 이끼의 뿌리를 헛뿌리라는고 부른다. 접두사 '헛-'은 '헛하다'의 어근으로 '일을 아무런 보람 없이 하다'라는 뜻이다. 이처럼 헛뿌리는 땅이나 나무, 돌에 붙어 있는 역할만 할 뿐이다.

이끼는 성장 패턴에 따라 직립형acrocarpous mosses과 포복형pleurocarpous mosses으로 나눈다. 나무이끼, 솔이끼, 꼬리이끼 등은 옆으로 퍼지지 않고 둥글게 무리지어 수직으로 자라는 이끼가 직립형이다. 반대로 털깃털이끼, 양털이끼 등은 땅에 붙어 매트처럼 옆으로 퍼지듯 자라는 포복형 이끼다.

이끼는 동면을 하는 특징도 있다. 이끼는 세포 속에 대량의 물을 저장하는 능력 덕에 가뭄도 버틸 수 있으며, 길게는 몇 주 동안 체내에 저장한 물로 생활할 수 있다. 저장된 물이 거의 다 소모되었을 때 동면에 들어간다. 스스로 잎을 말아 더 이상의 수분 증발을 막는 것이다. 동면에 들어간 이끼는 싱싱한 모습은 사라지고 갈색으로 변하지만, 수분이 공급되면 금세 짙은 녹색으로 변한다. 따라서 정성스레 만든 테라리움에 며칠 분무하지 않았다고 해서 아쉬워 하거나 슬퍼할 필요는 없다.

이끼가 좋아하는 환경

이끼는 다양한 종류만큼 좋아하는 환경도 다양하다. 테라리움에 이끼를 식재하기 위해서는 이끼마다 좋아하는 습도 환경을 파악하는 것이 중요하다. 그에 따라 키우는 방법과 배치 방법이 달라지기 때문이다. 이끼는 환경에 따라 건조에 강한 타입과 건조와 습기에 강한 타입, 그리고 습기를 좋아하는 타입으로 나눈다.

건조에 강한 이끼 서리이끼나 담뱃잎이끼, 은이끼, 가는참외이끼 등은 건조에 강한 이끼다. 맑은 날에는 잎을 둥글게 말고 있어 죽은 것처럼 보이지만 건조한 환경을 견디기 위

습도에 따른 이끼의 생육 환경

습도별 타입	이끼명
건조에 강함	서리이끼, 은이끼, 담뱃잎이끼 등
건조와 습기 좋아함	구슬이끼, 꼬리이끼, 깃털이끼, 가는흰털이끼 등
습기 좋아함	우산이끼, 들덩굴초롱이끼, 물가깃털이끼, 봉황이끼 등

한 생존법이며, 수분이 공급되면 다시 녹색의 잎을 띠며 살아나는 특징이 있다.

이 타입의 이끼는 통기가 잘되고 건조하며 밝은 곳에서 자라기 때문에 조명이 약하거나 항상 습기에 차 있으면 곰팡이가 생겨 썩는 경우가 많다.

따라서 이 이끼들은 밀폐형보다 뚜껑이 없거나 오픈된 형태의 테라리움 용기에서 사용하면 좋다. 또한 이끼 주변에는 물이 고이지 않게 물이 잘 빠지는 흙을 올리거나 돌에 붙이는 방식으로 배치해야 한다. 건조에 강하다고 해서 항상 건조한 상태로 두면 잎이 오그라들기 때문에 아침저녁으로 분무를 하고 낮에는 건조한 상태로 관리하자.

다른 타입의 이끼와 함께 식재할 경우에는 비교적 건조에 강한 털깃털이끼나 가는흰털이끼비단이끼 등과 어울리는 것이 좋지만 가능한 같은 타입의 이끼로 레이아웃을 하는 것이 습도를 관리하기에는 용이하다.

건조와 습기를 좋아하는 이끼 구슬이끼, 꼬리이끼, 깃털이끼, 가는흰털이끼 등이 여기에 속한다. 이 타입의 이끼들은 습도는 높지만 흙은 너무 축축하게 하면 안 된다. 즉, 공중습도가 높은 것을 좋아할 뿐 땅이 젖은 상태를 좋아하지 않는다는 뜻이다. 오히려 흙이 항상 젖어 있다면 썩거나 곰팡이가 생길 수 있다.

이 타입의 이끼가 가장 좋아하는 환경은 습도 70% 내외다. 흙은 약간만 습기를 머금은 상태로 유지한다. 광량도 약 4,000룩스 내외로 밝은 빛을 좋아한다. 따라서 이 이끼들은 뚜껑을 닫아 고습도를 유지해야 하며 미스팅기를 쓸 경우에는 흙이 너무 젖지 않게 타이머의 시간을 잘 조절해야 한다. 타이머를 사용할 때는 요일별로 작동시간을 설정할 수 있는 제품을 사용하여, 일주일에 2~3일은 가동하지 않게 설정하는 것이 필요하다.

습기를 좋아하는 이끼 들덩굴초롱이끼, 물가깃털이끼, 봉황이끼 등이 여기에 속한다. 이 이끼들은 항상 흙이 축축하게 젖어 있는 상태를 좋아한다. 그리고 물이끼 종류와 우산이끼, 프리미엄모스, 윌로모스, 물긴가지이끼 등은 수초로 활용할 정도이므로 수생으로도 키울 수 있다. 하지만 이 이끼들은 물가에 배치하더라도 물의 움직임이 없으면 썩을 수 있으니, 흐르는 물가에 배치하는 것이 좋다. 물이 고여 있으면 산소가 충분히 공급되지 않기 때문이다.

따라서 이 이끼들은 팔루다리움에 배치하면 좋다. 계곡이나 폭포를 재현하거나 완만한 수류를 만들어 그 주변에 배치하는 방식으로 식재하자.

이끼가 유목이나 돌에 착생하기 위해서는 충분한 습도와 시간이 필요하다. 완성 직후 대략 한 달간 뚜껑의 절반 이상을 투명한 비닐로 덮어서 습도를 올려주거나 주기적으로 이끼를 올려둔 부분에 분무를 하여 수분을 공급해주면 자연스럽게 착생한다.

이끼 식재 잘하는 법

유리병 테라리움에 사용하기 적합한 이끼는 가는흰털이끼, 꼬리이끼, 구슬이끼 등 직립형 이끼가 좋다. 이끼를 식재할 때는 물로 한번 헹궈 이끼에 묻은 이물질 제거해야 한다. 이렇게 해야 작품을 깔끔하게 감상할 수 있을 뿐 아니라 사전에 수분을 충분히 공급해주어 이끼가 더욱 건강한 상태를 유지할 수 있다.

가는흰털이끼의 경우 식재하기 전에 아래의 두터운 갈색

부분을 반드시 제거해준다. 이 부분은 이끼가 성장하며 죽은 것이니 불필요하다. 가위를 이용해 제거하되 너무 바짝 제거하면 이끼가 낱낱이 흩어질 수 있으니 0.5~1cm 정도 남겨두고 제거하는 것이 좋다.

큰 틈이나 넓은 공간에 식재할 때는 이끼를 잘게 뜯어 나누지 말고 덩어리 째로 넣는 것이 자연스럽다. 반면 돌 사이 틈이나 작은 공간에 넣을 때는 그 틈의 크기에 맞게 이끼를 뜯어낸 후 핀셋으로 식재하는 편이 좋다. 이끼를 식재할 때는 저면의 굴곡을 따라 퍼즐을 끼워 넣는다고 생각으로 얹으면 된다. 이끼는 흙과 밀착하면 할수록 성장과 유지에 도움이 되니 이끼가 뭉개지지 않을 정도의 힘으로 눌러주자.

원포인트 식물로 쓰이는 고사리

테라리움에 식재하기 적합한 식물은 고사리와 같은 양치식물이 관리도 편하고 잘 어울린다. 화원에서도 쉽게 구할 수 있고 가격도 저렴하므로 부담 없이 식재할 수 있는 식물이다. 무엇보다 유리병 테라리움에 포인트를 주기에는 고사리가 가장 효과적이다. 테라리움에 어울리는 고사리로는 '후마타고사리'라 부르는 상록넉줄고사리, 더피고사리, 루모라 고사리 등이 있다.

상록넉줄고사리 화원에서 쉽게 만날 수 있는 친숙하면서도 저렴한 식물로, 보송보송한 거미발 같은 뿌리줄기에서 새잎이 나오는 매력이 있다. 이 뿌리줄기가 길어져 레이아웃을 방해한다면 잘라서 번식할 수도 있다. 오랜 시간 테라리움을 관리하다 보면 길게 늘어지는 뿌리줄기와 풍성해진 잎을 볼 수 있다.

이 고사리는 동양적인 느낌의 작품을 연출할 때 유용하다. 단아한 잎의 모양과 정적인 느낌의 식물이니 절제된 아름다움을 작품에 담고 싶다면 꼭 한번 사용해볼 것을 추천한다.

더피고사리와 루모라고사리 이국적인 느낌을 연출하기에 좋다. 더피고사리는 동글동글한 잎을 내고 위로 뻗어 자라는 특징이 있고, 루모라고사리는 상록넉줄고사리와 비슷하게 생겼지만, 잎이 굵직하게 크고 조화처럼 반짝거리는 잎을 가졌다.

테라리움 준비 잘하는 법

시작은 자연의 모방이다

테라리움 작업의 첫 단계는 작품의 콘셉트를 또렷하게 정하는 것이다. 콘셉트와 작품의 분위기를 미리 구상하고 제작해야 조금 더 수월하게 작업할 수 있다.

습계형 테라리움인지, 건계형 테라리움사막식물 중심의 테라리움인지에 따라 다양한 콘셉트가 존재하는데, 콘셉트에 따라 사용하는 재료와 레이아웃 방법 역시 모두 다르다. 습계형 테라리움에는 정글플랜츠, 이끼와 같이 습한 환경에서 잘 적응하는 식물을 식재하여 정글이나 숲 속의 느낌을 연출할 수 있다.

사람의 손길이 닿지 않은 자연 공간에 놓인 모든 것들은 우연히 그 자리에 놓이게 되고 세월에 깎여 만들어진다. 이러한 자연에는 공통점이 있다. 바로 예측 불가능한 형태로 이루어져 있다는 것이다. 위로 뻗어 있는 나무나 돌과 흙으로 뒤덮인 땅 역시 대부분 울퉁불퉁한 곡선으로 이루어져

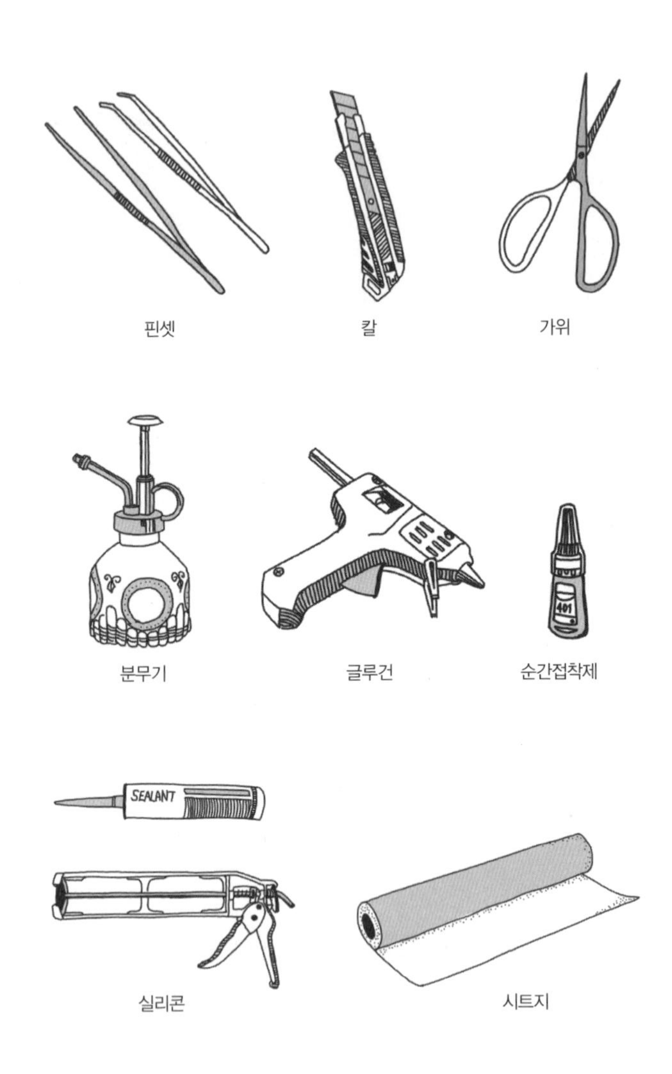

테라리움에 필요한 기본 제작 도구

있다. 식물 잎의 형태나 땅에 융단처럼 깔린 이끼 또한 마찬가지다. 자연 속에는 반듯하거나 일직선으로 보이는 것은 없다.

따라서 테라리움을 디자인하고 레이아웃 구상을 하기에 앞서 우리는 자연에 대한 이해도를 높이고 자연을 관찰하는 능력을 길러야 한다. 자연 속 생명체들이 어떻게 계절을 견디고 성장해나가는지 그 원리를 안다면 테라리움을 디자인하고 레이아웃을 하는 과정이 더욱 수월해질 것이다.

사람마다 영감을 받고 떠올리는 장소와 분야는 다르겠지만 테라리움을 만들 때 가장 좋은 영감을 주는 곳 역시 자연이다. 도심 속에 살고 있다면 가까운 공원이나 풀과 이끼가 자라고 있는 아파트 화단을 관찰하는 것도 좋다. 그마저도 여의치 않다면 자연 다큐멘터리를 시청하는 것도 큰 도움이 된다. 푸릇푸릇하게 살아 있는 이끼와 이름 모르는 풀들, 그리고 돌과 흙의 질감을 느끼고 그것들의 위치와 모양을 유심히 보다 보면 분명 작은 영감이 떠오를 것이다. 테라리움의 구상은 자연을 모방하는 것이 그 출발점이며, 가장 자연에 가까운 풍경을 유지하는 것이 도착점이기도 하다.

꼭 필요한 제작 도구

테라리움과 팔루다리움에서는 같은 재료라고 하더라도

어떻게 배치하고 활용하느냐에 따라 완전히 다른 작품을 만들어낼 수 있다. 테라리움과 팔루다리움을 만들 때 필요한 도구는 다음과 같다.

핀셋 이끼와 식물을 식재하거나 섬세한 작업, 손이 닿지 않는 부분을 작업할 때 꼭 필요한 도구다. 핀셋에는 끝이 뾰족한 것과 길이가 길고 짧은 것 등 다양한 모양과 길이에 따라 쓰임이 다르다.

끝이 뾰족한 핀셋은 이끼와 같은 작은 식물을 식재할 때 유용하며, 끝이 뭉뚝한 핀셋은 뿌리 부분이 뭉쳐 있는 경우 사용하기 편하다. 또한 길이에 따라서도 쓰임이 다르다.

길이가 긴 핀셋의 경우 유리병 테라리움과 같이 입구가 좁아 손이 들어가기 어려운 용기에 식물을 식재할 때 편하며, 길이가 짧은 핀셋은 좀더 세밀하게 위치를 잡아 식재할 때 좋다.

칼/가위 재료를 재단하거나 긁거나 자를 때 필요한 도구다. 가위의 경우 일반 가위와 수초용 가위 모두 다 구비하면 유용하다. 테라리움에 들어가는 식물은 대부분 소형종이므로, 수초용 가위가 있다면 작은 식물의 뿌리나 잎을 깔끔하게 자를 때 유용하다. 칼은 재료를 자르거나 재단할 때 주로 쓰는데, 문구용 커터칼과 18mm 공업용 커터칼을 모두 구비해주는 것이 좋다.

분무기 테라리움의 물 공급은 분무기로 이루어진다. 테라리움에는 작은 입자로 분사되는 미스트형 분무기가 적합하고, 팔루다리움과 같이 수중부가 있는 큰 작품에는 수압을 조절할 수 있는 압축분무기가 좋다.

순간접착제 돌이나 유목을 원하는 모양으로 만들거나 다양한 재료를 결합할 때 유용하다. 순간적으로 접착이 되어 살에 닿으면 화상을 입을 수도 있으니, 장갑을 끼고 작업을 하는 것을 권장한다.

글루건 유목이나 코르크 튜브와 같은 재료를 유리 벽면에 임시로 고정할 때 사용한다. 완벽한 접착은 어렵지만 재료의 무게를 버텨주기 때문에 실리콘으로 완전히 고정시켜야 한다.

실리콘 벽면에 재료를 부착하거나 고정할 때 쓴다. 백색, 투명, 검정색 등 다양한 색상의 제품이 있지만, 눈에 가장 띄지 않는 검정색 제품을 사용하는 것이 좋다. 실리콘을 제

뚜껑이 없는 유리병
입구가 넓어 작업이 편하지만
습도 관리를 잘해야 한다

뚜껑이 있는 유리병
습도 관리가 용이하며
빛 투과율이 좋은 유리뚜껑이 좋다

유리병 용기의 종류

대로 건조시키지 않으면 독한 냄새와 독소가 남게 되므로 사용 후 최소 24시간 정도 건조시키자.

시트지 유리벽에 접착제를 사용하면 유리벽 외부에 접착면이 보이기 때문에 그것을 가려줄 뿐더러 작품의 외관을 단정하게 해준다. 유리벽에 이물질이 없도록 잘 닦아주고 분무 후 스크래퍼를 사용한다. 스크래퍼가 없을 경우 사용하지 않는 신용카드를 이용하여 시트지 속 공기를 빼내 깔끔하게 부착할 수 있다.

폭넓은 용기의 선택

테라리움의 용기는 크게 유리병과 육면체로 구분할 수 있다. 유리병은 둥근 병, 뚜껑이 있는 병, 와인잔, 물잔에 이르기까지 다양한 용기로 사용할 수 있다. 어떻게 보면 어떤 용기로도 테라리움을 만들 수 있다고 봐야 한다.

육면체의 용기로는 수조가 대표적이다. 최근에는 파충류 사육장이 테라리움용으로 많이 사용되고 있다. 파충류 사육장은 다양한 크기와 함께 가로와 세로 프레임 등을 선택할 수 있다. 하지만 크기에 비례하여 제작 비용도 늘어나기 때문에 사전에 예산을 산출하는 과정이 꼭 필요하다. 처음부터 대형 작품을 만든다면 비용 부담도 크고 리스크 또한 생

뚜껑 유무에 따른 추천 유리병 용기

뚜껑이 있는 유리병	뚜껑이 없는 유리병
IKEA 365+ 물병 뚜껑 1.5L	IKEA REKTANGEL 꽃병 22cm
IKEA 365+ 보관용기 1.7L, 3.3L	IKEA BEGARLIG 꽃병 29cm
IKEA VARDAGEN 보관용기 1.9L	IKEA CYLINDER 꽃병 3종
IKEA KORKEN 병모양 유리용기 1L	IKEA KARAFF 유리병 1L
MUJI 소다글래스 보관용기 1L, 2L, 4L	MUJI 보데가 225ml, 335ml
MUJI 내열유리 원형보존용기 320ml, 500ml, 800ml	다이소 원추형유리화병(대)
MUJI 내열유리 피쳐 1L	다이소 MJ볼록형유리화병(소) (대)
다이소 대나무뚜껑 내열유리 저장용기 1400ml	다이소 비대칭슬림라인클리어유리화병(3000)
다이소 컬러뚜껑 내열유리 물병 1.8L	다이소 밀크보틀클리어유리화병(3000)
다이소 사선메탈뚜껑 유리저장용기 750ml	다이소 MJ라운드어항 (소) (대)

기게 되므로 초보자라면 작은 작품부터 제작하는 것이 좋다. 기존에 쓰던 유리병이나 남는 수조를 재사용하는 것도 좋은 방법이다.

초보자의 첫 테라리움, 유리병 용기

유리병 용기는 주변에서 가장 쉽게 구할 수 있어서 초보자에게 인기가 많은 용기이다. 제작도 간단하기 때문에 누구든 쉽게 접근할 수 있다.

유리병 용기를 선택할 때 병 표면에 스크래치나 미세한 세로줄이 있는지 확인한다. 특히 프레싱pressing 성형법으로 생산된 유리병에는 세로줄을 흔하게 발견할 수 있다. 반원형 모양의 두 유리를 데칼코마니처럼 접착하여 가공하는 방식이기 때문이다. 이 경우 접착부에 가는 실선이 생기게 된다. 이 세로줄이 작품의 정면으로 오면 완성 후 감상을 방해할 수 있으니 반드시 작업 전에 확인하자.

유리병 용기의 형태

어떤 유리병을 사용하는지에 따라 테라리움의 콘셉트와 분위기는 확연하게 달라진다. 유리병 용기는 뚜껑의 유무가 중요하다.

뚜껑이 있는 유리병 이 용기는 대부분 식재료의 보관용으로 판매되는 경우가 많다. 밀폐가 가능하기 때문이다. 이 용기를 테라리움에 사용한다면 습도 조절을 손쉽게 할 수 있다. 단 뚜껑이 있는 유리병을 고를 때는 나무 재질보다는 유리로 만든 것이 좋다. 목재 재질의 뚜껑은 곰팡이가 생길 수 있을 뿐더러 빛 투과가 안 되기 때문에 광합성을 제대로 할 수 없다. 단 용기의 입구가 좁은 제품이 많아, 반드시 핀셋으로 식물을 식재해야 한다.

뚜껑이 없는 유리병 건조에 비교적 강한 식물을 심을 때 좋다. 또한 이 용기는 원통형이 많기 때문에 입구가 좁지 않아 식물 식재할 때도 편하다. 대부분 꽃병이나 장식용품으로 판매하는 제품이지만 테라리움 용기로 손색이 없다. 다만, 습도 유지가 필요할 경우에는 비닐 랩을 씌우거나 별도의 아크릴 뚜껑을 주문제작하여 덮어야 한다.

그 외에도 일상에서 자주 사용하는 와인잔, 물컵, 유리 밀폐용기, 유리 주전자와 같은 유리 제품이 있다. 익숙함이 느껴지는 물건 속에 녹색 생명들이 살아 있다는 것은 우리에게 신선한 이질감과 테라리움을 즐기는 색다른 재미를 전달할 것이다.

다양한 레이아웃 가능한 육면체 용기

육면체 용기는 유리병보다 큰 테라리움을 만들 때 사용한다. 사각의 수조 형태다보니 식물을 식재하기에도 수월할 뿐 아니라 좀더 자연에 가까운 레이아웃을 연출할 수 있다.

육면체 용기는 다양한 크기와 종류가 있는 만큼 다양한 콘셉트의 테라리움을 만들 수 있다. 일반적으로 앞쪽이 개방되어 있는 앞면 개방형 수조와 앞쪽이 유리문으로 되어 있는 양문형 케이스, 그리고 네 면이 유리로 되어 있는 일반 수조형으로 나눌 수 있다.

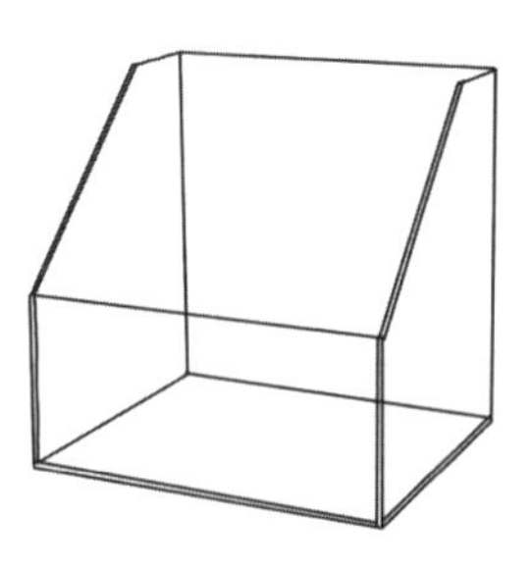

앞면 개방형 수조
작업도 용이하며
관상하기에도 좋다.

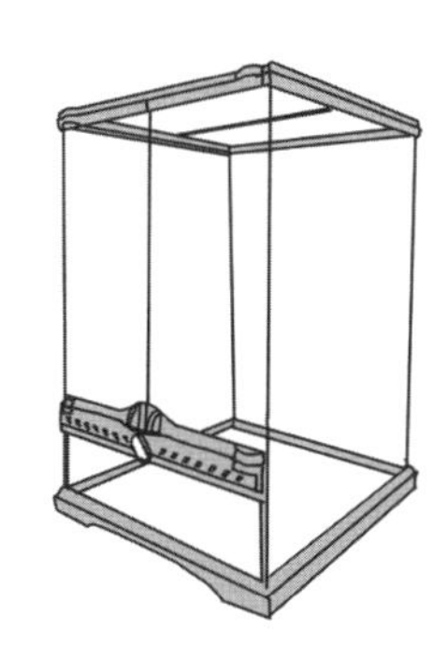

양문형 케이스
테라리움에
가장 최적화된 케이스다.

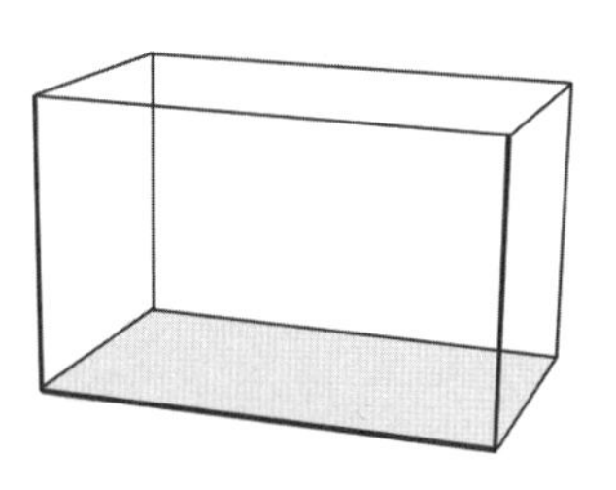

일반 수조형
쉽게 구할 수 있고
가격이 저렴하다.

육면체 용기의 종류

앞면 개방형 수조 앞면의 일부가 개방되어 있어 작업 과정에서 손과 도구의 자유도가 가장 높으며, 앞면에 유리가 없어 식물을 가까이에서 관상하기에도 좋다. 앞면 하단은 유리로 마감되어 있어 물을 채워 팔루다리움을 제작하기에도 좋다. 다만 완전히 밀폐할 수 없는 구조이기에 때문에 식재한 이끼나 식물에게 수분을 전달하기 위해서는 수조에 채운 물을 끌어올려 공급하는 방식으로 관리하거나, 꾸준한 분무를 통해 공중습도를 유지해야 한다. 안개발생기를 사용하여 습도 유지하는 방법도 있다.

양문형 케이스 양문형 케이스는 테라리움에 가장 최적화된 형태다. 원래 용도는 파충류 전용 사육장으로 판매되었지만, 테라리움 케이스로도 손색이 없다.

이들 사육장은 전면부가 유리문으로 되어 있어 제작과 관리가 수월하고 윗부분은 촘촘한 철망이나 구멍이 뚫린 아크릴 뚜껑으로 되어 있기 때문에 사육장 내부의 공기 순환이 원활하다. 또한 유리문을 열고 닫을 수 있어 습도 유지도 좋아서 물 공급도 한결 수월하다.

파충류 전용 케이스 브랜드로는 엑소테라Exoterra, 렙티주Reptizoo 등이 있다. 초보자라면 202030길이 20, 폭 20, 높이 20cm 사이즈나 303030 또는 303045 사이즈가 좋다.

일반 수조형 열대어 등을 키우는 데 가장 대중적으로 사용하는 유리 어항은 테라리움을 꾸미는 데 좋은 용기다. 쉽게 구할 수 있으며 가격이 저렴하다는 장점이 있다. 크기도 다양하기 때문에 원하는 콘셉트에 맞게 선택할 수 있다. 단, 상단이 개방되어 있어 습도 유지에 각별한 신경을 써야 한다. 제한적이긴 하지만 가로 폭 30cm나 60cm 경우에는 어항용 슬라이드 유리 뚜껑을 판매하니, 인터넷이나 수족관에서 구매하여 사용하면 훌륭한 테라리움 케이스로 거듭날 것이다.

가로와 세로의 차이

가로 길이가 긴 케이스가로 프레임와 세로 높이가 긴 케이스세로 프레임는 완전히 다른 분위기가 연출된다. 가로 프레임은 시야가 양쪽 넓게 분산되므로 개방감과 안정감을 준다. 실리콘과 글루건 같은 접착제를 사용하지 않고 바닥층에 돌, 유목 등 구조물을 안정적으로 배치하여 충분히 멋진 레이아웃이 가능하다는 장점이 있다.

가로 프레임은 직립하여 성장하는 식물보다는 옆으로 뻗으며 런너하거나 낮게 포복하는 이끼를 식재하는 것이 좋다. 또한 세로보다 가로가 길기 때문에 빛이 식물에 도달하는 거리도 짧다. 따라서 전체적으로 식물이 고르게 자라며,

식물 관리도 수월하다.

세로 프레임은 조금 더 극적인 연출을 할 수 있다. 가로보다 세로가 길기 때문에 관상할 때 몰입감과 긴장감을 준다. 재료들을 세로로 세워 레이아웃하기에 적절하고 정글바인 jungle vine, 열대우림에서 자라는 덩굴의 줄기과 같이 늘어지는 재료를 사용하면 울창한 밀림을 표현할 수 있다.

다만 안정적으로 구조물을 배치하기 위해서는 접착제를 사용해야 한다는 번거로움이 있다. 또한 상대적으로 가로 프레임보다 공간의 제약 없어 실내 어디든 두고 관리할 수 있다.

덩굴식물이 성장하기에도 적합하기 때문에 빼곡한 덩굴벽을 만드는 재미 또한 느낄 수 있다. 단, 높이가 길기 때문에 광원이 아래에 있는 식물에까지 닿지 않을 수 있다. 높이가 길다고 너무 센 광량의 조명을 달았다가는 자칫 상단의 식물은 강한 빛에 타들어가고 아래의 식물은 빛이 부족하여 웃자라거나 성장이 더딜 수 있다.

따라서 세로 프레임에 식물을 식재할 때는 식물의 특성을 잘 파악하여 광원에 맞는 식물을 선택하는 것이 중요하다. 경우에 따라 중간 부분에 조명을 추가하기도 한다. 세로 프레임이 가로 프레임보다 제작 난이도뿐 아니라, 관리 난이도 면에서도 높다고 할 수 있다.

자연의 느낌 살리는 재료, 돌

세계적인 수초어항 디자이너이자 수초어항 전문업체 ADA의 창시자 故타카시 아마노는 돌을 이용한 이와구미 배치법을 처음으로 수초 레이아웃에 도입한 사람이다. '이와구미'는 일본어로 '바위 배열'이라는 뜻으로, 일본 정원의 큰 돌을 배치하는 방법이다. 즉, 주석과 부석, 보조석 등 메인되는 돌과 보조해주는 돌을 배치함으로써 뻔한 대칭성을 피하고 자연스러운 구도를 만들어내는 것이 특징이다.

테라리움에 돌을 넣으면 훨씬 더 실제 자연과 같은 느낌을 연출할 수 있다. 테라리움에서도 이와구미 구도를 적극적으로 활용한다면, 안정적인 구도를 만들 수 있을 것이다.

돌은 직접 채집하여 쓸 수도 있지만 시중에 어항 레이아웃의 재료로 판매하는 돌을 구입하면 테라리움의 콘셉트에 맞는 질감의 돌을 선택할 수 있다. 돌의 재질에 따라 청룡석, 화산석, 편석, 황호석, 목화석 등이 있다.

돌을 사용할 때는 서로 다른 질감을 사용해도 무방하지만, 돌의 노출이 많은 레이아웃이라면 같은 질감의 돌을 사용해야 통일감이 생긴다. 또한 같은 질감의 돌을 사용할 때에도 돌에 새겨진 결의 방향을 일정하게 맞추어 배치하는 것이 안정적인 구도를 만들어낼 수 있다.

청룡석(풍경석) 푸른 용을 닮았다고 하여 지어진 이름이다. 검푸른 빛이 돌며, 거대한 바위와 거친 자연의 느낌을 표현하기에 적합하다. 근경 레이아웃도 좋지만 원경 레이아웃에 더 효과적이다.

화산석(현무암) 표면에 작은 기공이 있어 배수층으로도 쓸 수 있으며 무광의 검은색을 띠고 있어 녹색 식물과 색 조합이 굉장히 잘 맞는다. 특히 유리병 테라리움에 원포인트 재료로 효과적이다.

편석 짙은 회색을 띈 납작한 형태의 돌이다. 편석을 사용하면 돌계단 테라리움과 같은 연출이 가능하며, 거친 표면을 가진 다른 돌들과는 다르게 평평한 단면이 있어서 정적이고 절제된 분위기의 레이아웃을 할 때 유용하다. 또는 계곡을 재현할 때 바닥면에 깔아 물길을 낸다면 물의 흐름을 쉽게 감상할 수 있고, 물소리 또한 청량감이 난다.

황호석 다른 돌보다 비교적 무게가 가볍고 쪼개기가 쉬워 원하는 형태로 만들 때 사용하면 좋다. 갈색빛의 색감과 큰 구멍이 있다. 하지만 구멍에 흙이나 이물질이 있는 경우가 많으므로 흐르는 물로 씻어내고 솔로 문질러 세척하여 사용

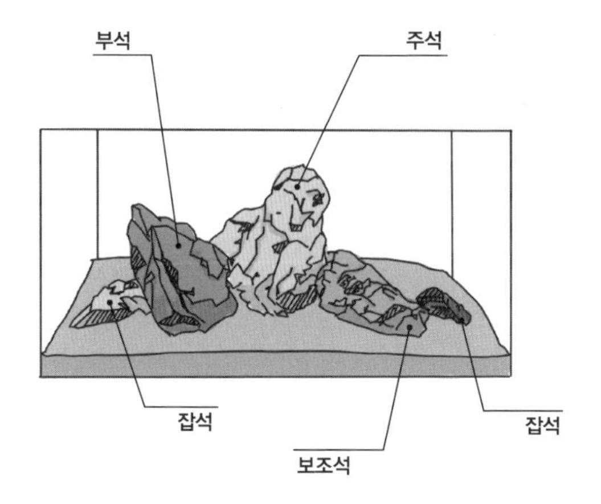

돌 배치법 중 하나인 이와구미 레이아웃

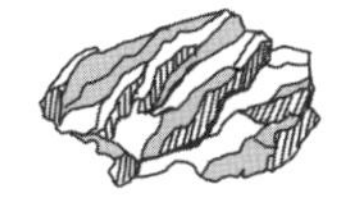

청룡석(풍경석)
바위와 거친 자연 표현,
원경 레이아웃에 적합하다.

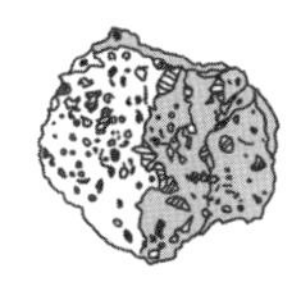

화산석
배수층 재료로도 쓰이며
유리병 테라리움의
포인트 장식으로 좋다.

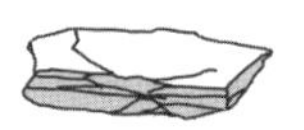

편석
돌계단을 표현하거나
계곡을 재현할 때
물소리가 좋다.

황호석
절벽과 협곡을
표현할 때 좋다.

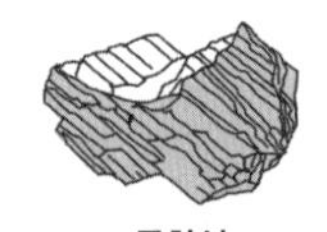

목화석
나무 질감이 돋보여
녹색 식물과 조합이 좋다.

다양한 돌의 종류

해야 한다. 돌의 질감과 결이 역동적인 느낌이 들기 때문에 협곡이나 절벽과 같은 풍경을 표현할 때 좋은 재료다.

목화석 나무의 결과 색이 돋보이는 돌이다. 목화석 또한 녹색 식물과의 색의 조합이 좋을 뿐더러 고대의 대자연을 표현하기에 적합하다.

나무 질감을 연출하는 재료, 유목

공간을 디자인할 때 포인트를 주는 재료로 나무가 많이 사용된다. 대표적으로 유목과 코르크튜브 등이 있다. 유목이란 강이나 계곡 등에 가라앉은 나무를 말한다. 유목은 대부분 구입을 해서 쓰지만, 죽은 나무의 가지를 채집하여 직접 삶아서 만들 수도 있다. 다양한 나무의 종류만큼이나 유목의 종류도 다양하다보니 구상한 콘셉트에 따라 원하는 형태의 유목을 직접 구하는 재미도 쏠쏠하다.

유목의 종류로는 코르크튜브, 투톤 유목, 맹그로브 유목, 가지 유목, 뿌리 유목 등이 있다. 유목의 형태와 질감이 모두 다르고 크기도 전부 다르니 사육장의 사이즈와 레이아웃 등을 고려해야만 실패하지 않고 적합한 유목을 구할 수 있을 것이다.

코르크튜브
원통형 구조를 활용하여
식물을 식재할 때 좋다.

가지 유목
나무의 결이 잘 살아 있는
가장 무난한 보급형 유목이다.

투톤 유목
두 가지 톤을 가져
어떤 콘센트의
테라리움에도 잘 어울린다.

맹그로브 유목
존재감이 강해
나무 중심의 콘셉트에
적당하다.

뿌리 유목
여러 방향으로 뿌리가 뻗어 있어
비정형적인 구도에 적합하다.

다양한 유목의 종류

코르크튜브 나무의 속을 비우고 원통 모양의 나무껍질을 그대로 살린 재료다. 따라서 코르크튜브는 테라리움에 넣었을 때 숲 속 깊은 곳의 나무 한 그루나 나무 기둥을 표현할 수 있다. 벽면에 부착하여 식물을 식재할 때도 좋다.

가지 유목 일반적으로 베트남에서 채집된 유목이 유통되고 있으며, 나무의 결이 잘 살아 있는 특징이 있다. 굵기도 다양하고 크기도 다양하며, 특징적인 개성보다 나무 질감 자체의 특징이 잘 드러나 있어 어떤 레이아웃과 콘셉트에도 무난하게 쓸 수 있는 보급형 유목이라고 할 수 있다.

투톤 유목 말 그대로 두 가지 톤의 색감을 가진 유목이다. 밝은 갈색의 색감과 짙은 갈색이 어우러진 형태로 이루어져 있기 때문에 테라리움에 사용했을 때 이질적이지 않고 자연스럽게 작품에 녹아든다는 특징이 있다.

맹그로브 유목 다른 유목과 달리 굴곡이 많고 두께감이 있어 나무 덩어리의 느낌이 강하게 드는 유목이다. 존재감이 강하므로 나무가 중심인 콘셉트에 사용하면 시선을 끌 수 있다.

뿌리 유목 물에 침식된 나무의 뿌리를 가공하여 만든 유목이다. 다른 유목들과 다양한 굵기와 길이의 가지가 여러 방향으로 뻗은 형태라는 것이 특징이다. 자연의 원시적이고 비정형적인 구도를 표현할 때 뿌리 유목을 사용한다면 그 효과를 충분히 낼 수 있다.

뿌리 유목만 사용해도 충분히 멋있지만, 투톤 유목, 맹그로브 유목을 사용한다면 실제 자연에 있는 듯한 나무의 생동감을 유사하게 재현해낼 수 있다.

또한 유목이나 돌은 원하는 형태가 없다면 돌또는 유목 사이에 화장지를 끼운 후 순간접착제를 떨어트리면 단단하게 고정되어 원하는 모양을 만들 수 있다.

정글의 느낌을 내는 정글바인

정글 바인은 테라리움을 한층 더 실감 나는 열대 풍경을 재현하는 데 좋은 소재이다. 정글 콘셉트의 테라리움을 만들 때 사용한다면 더욱 거칠고 생동감 넘치는 작품을 만들 수 있다. 파충류 용품업체에서 판매하는 기성품을 구매해도 되지만 어렵지 않게 만들어서 사용할 수 있다.

마끈적절한 두께의 밧줄을 마끈을 대체하여 사용할 수 있다과 분재철사, 실리콘, 피트모스를 준비하면 된다.

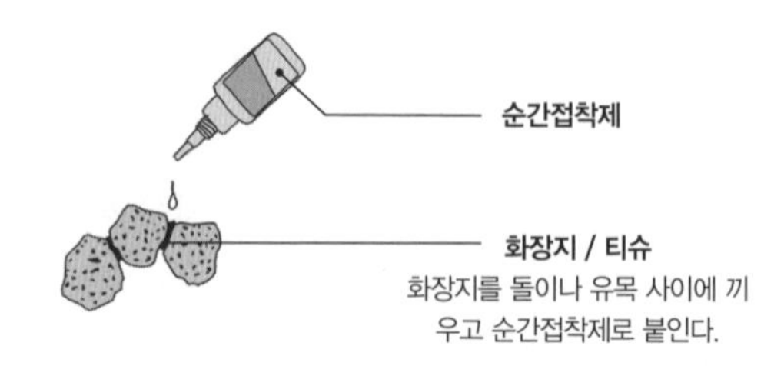

유목이나 돌을 성형하는 법

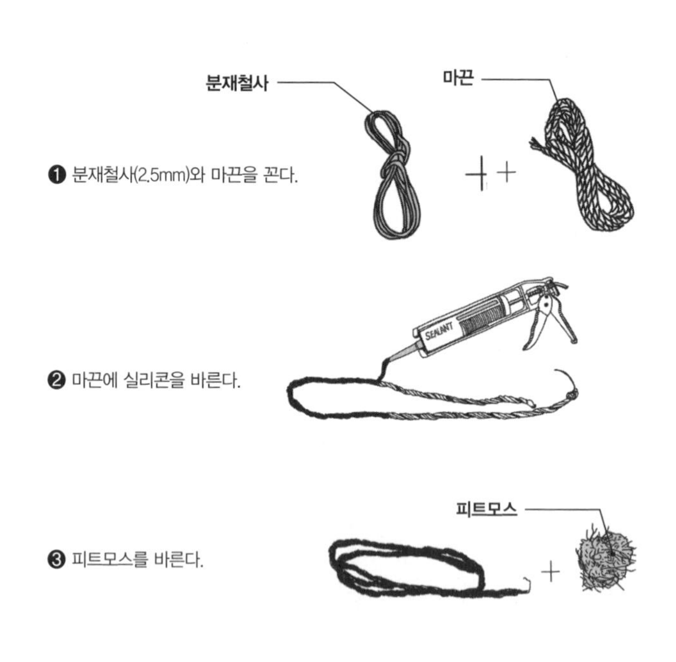

정글바인 만드는 법

정글바인 만드는 법

1. 마끈을 겹쳐 원하는 굵기를 만든 후, 분재철사를 마끈에 감아서 꼰다. 분재철사를 구부리며 원하는 모양을 만든다.
2. 분재철사를 감은 마끈에 실리콘을 바른 후 건조된 피트모스을 뿌려준다. 피트모스가 떨어지지 않게 꾹꾹 눌러가며 붙이는 것이 중요하다.
3. 마끈이 보이지 않을 때까지 피트모스를 부착했다면 최소 24시간 정도 건조시킨다.

레이아웃을 위한 5원칙

유리병과 수조 또는 파충류 사육장 등 작은 공간의 내부를 식물로 아름답게 꾸민다는 것은 생각보다 쉽지 않다. 테라리움의 핵심은 작은 공간을 알차게 활용하여 조화롭게 꾸미는 것에 있다. 하지만 레이아웃의 5원칙만 알아둔다면 간단하게 꾸밀 수 있는 것이 테라리움이다.

저면의 뒷부분을 높인다

유리병과 육면체 용기 모두 공통적으로 해야 할 것은 저면배수층과 바닥층이 있는 테라리움의 하단부의 뒷부분 높이를 올려주는 것이다. 공연장 내부를 예로 들어보자. 배우가 무대에 서서 객석을 바라본다면 객석이 뒤로 갈수록 경사가 높아진

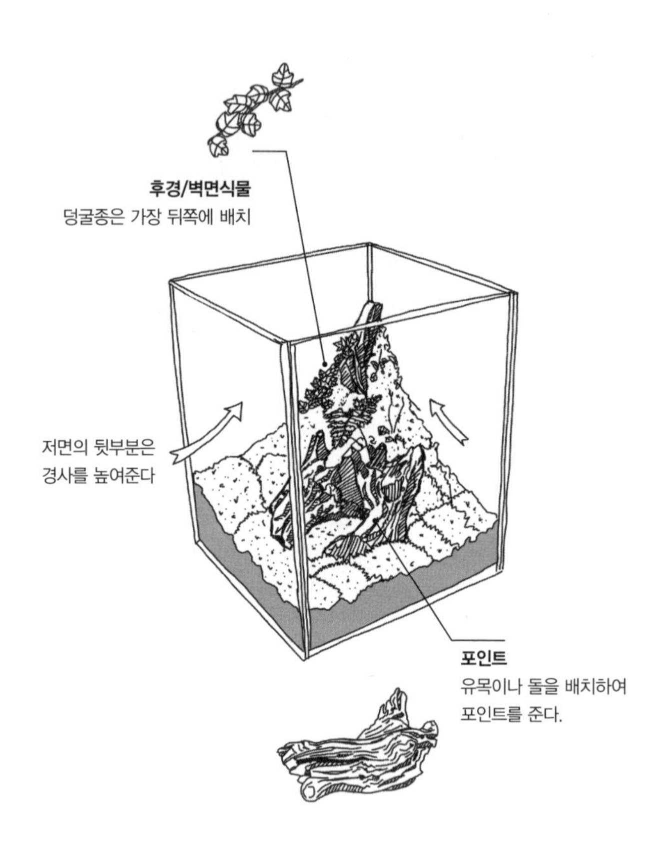

테라리움을 위한 기본 레이아웃

다. 모든 관객이 무대를 잘 관람할 수 있기 위한 구조다. 반대로 말하면, 배우가 앞좌석에 앉은 관객부터 뒷좌석에 앉은 관객의 얼굴을 모두 볼 수 있다는 뜻이다.

손날을 평행하게 편 상태에서 눈앞에 두어 엄지와 검지만 보이도록 한 뒤, 손날을 살짝 기울이면 손등이 전부 보이게 된다. 이 원리로 테라리움의 뒤를 높이면 앞에 배치한 식물뿐 아니라 뒤에 배치한 식물도 전부 볼 수 있다. 이 레이아웃은 크기가 작은 테라리움에서 크기가 큰 작품까지 동일하게 적용된다.

재료 특성에 맞게 자리를 배치한다

테라리움에 들어가는 식물뿐 아니라 장식으로 사용되는 돌과 유목 역시 크기를 고려하여 전경에는 낮은 재료를, 후경으로 갈수록 높고 큰 재료를 배치한다. 가장 큰 재료를 앞부분에 배치하면 뒤를 가리므로 감상에 지장을 준다. 특히 작은 유리병 테라리움의 경우에는 포인트가 될 만한 돌주석이나 유목주목을 미리 정해두고 시작해야 한다. 대비되는 색감의 식물이나 피규어와 같은 튀는 재료를 배치하는 것도 좋다. 유리병 테라리움에서는 포인트 재료를 중심부에 배치하면 실패할 확률이 적다.

이끼만 식재하는 이끼리움의 경우에는 이끼마다 모양이

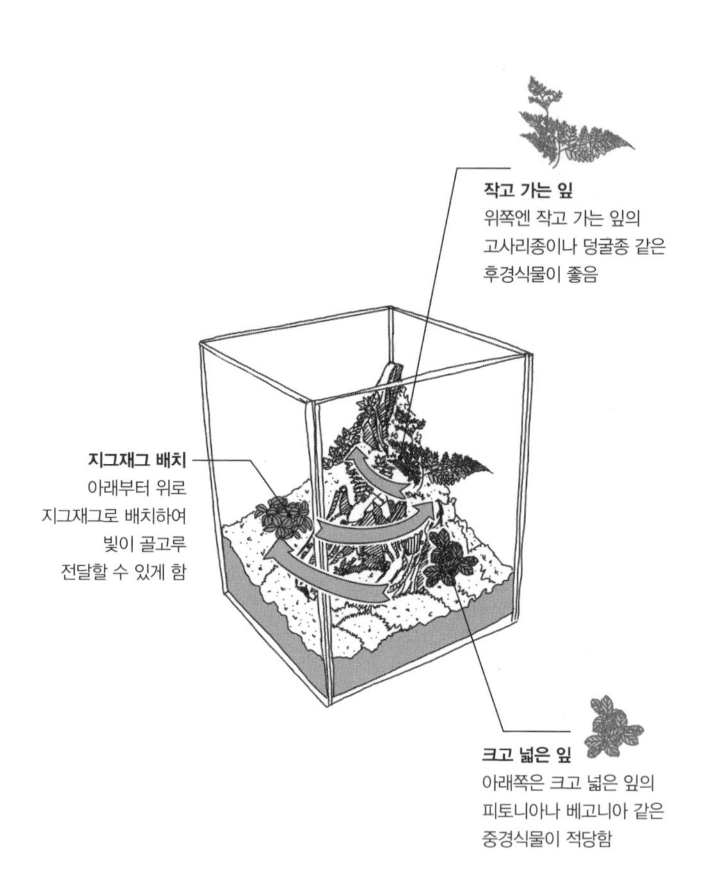
작고 가는 잎
위쪽엔 작고 가는 잎의
고사리종이나 덩굴종 같은
후경식물이 좋음
지그재그 배치
아래부터 위로
지그재그로 배치하여
빛이 골고루
전달할 수 있게 함
크고 넓은 잎
아래쪽은 크고 넓은 잎의
피토니아나 베고니아 같은
중경식물이 적당함

식물의 배치 요령

위치에 따른 식물의 형태와 색

	중경	후경
잎의 형태	작고 단순하며 둥글고 넓은 잎	복잡하고 들쑥날쑥하거나 가는 잎
잎의 색	선명하고 밝은 황녹색, 백색 계열	흐릿하고 어두운 짙은 녹색, 청색, 적색 계열

다르고 높낮이가 다른 특징을 살리면 단조로운 구도를 피할 수 있다. 높이가 낮은 흰털가는이끼는 범위를 넓혀 식재하고 꼬리이끼나 나무이끼와 같이 길이가 긴 이끼는 원포인트로 식재하는 것이다. 이끼의 종류와 특징은 '테라리움의 주요 소재, 이끼'32쪽를 참고하자.

식물 크기별로 지그재그로 배치하자

테라리움의 식물이 오랫동안 자라기 위해서는 빛이 중요하다. 빛이 잘 닿지 않는 곳에는 식물을 심어도 자라지 않기 때문이다. 특히 테라리움은 인공조명에 의지하는 경우가 많으므로 자연광처럼 입체적으로 빛이 들어오지 않는다. 대부분 직진성이 강한 LED등이 상단에서 수직으로 떨어지므로 빛의 특성을 살려 식물을 배치해야 한다. 즉, 아래쪽에는 큰 식물을 심고 위로 올라갈수록 작은 식물을 심어야 하며, 지그재그로 식재하여 식물이 골고루 빛에 닿게 해야 한다.

만약 상단에 큰 식물을 배치하고 싶다면 그 아래에는 돌과 유목 등을 배치해서 그늘을 만든다. 그늘 진 공간을 녹색으로 채우고 싶다면 다른 쪽에서 자라는 덩굴식물을 그늘로 유도하거나 그늘에 강한 이끼를 심는 것도 방법이다.

잎의 색감을 이용해 원근감을 표현하자

테라리움에 식물을 배치할 때는 몇 가지 원칙이 있다. 앞쪽은 선명하고 밝고 잎이 큰 식물을 심고, 뒤로 갈수록 잎의 색이 연하고 어두우면서 작은 것을 배치한다. 제한된 공간에서 원근감을 표현하는 가장 좋은 방법은 잎의 색감과 크기로 조절하는 것이다.

반면 테라리움에 벽면을 만든다면 애초에 원근감을 표현하기는 어렵다. 따라서 벽면형 테라리움 78쪽의 경우에는 식물 크기로 배치하기보다 어느 부분에 포인트를 주는지가 중요하다. 예를 들어, 저면의 식물을 메인 콘셉트로 한다면 벽면은 이끼나 덩굴종으로 단순하게 레이아웃해야 한다. 반대로 벽면을 메인 콘셉트로 한다면 저면의 식물을 단조롭게 구성하는 것이 좋다. 식물을 배치하다보면, 꼭 이 원칙에 맞게 식재할 수 없는 상황이 올 수 있다. 그럴 때는 전체적인 밸런스에 맞게 유연하게 배치하는 융통성도 필요하다. 하지만 원칙을 알아야 융통성도 발휘할 수 있을 것이다.

'숲'과 '나무' 연출법

한라산을 모티프로 테라리움을 제작한다면, 멀리서 바라본 한라산의 모습을 만들거나 조금 더 다가가 한라산 둘레길을 모티프로 만들 수 있다. 아니면 더 깊숙하게 들어가 그 둘레길 계단에 작게 피어난 이끼와 고사리를 비슷하게 구현할 수도 있다.

이처럼 자연을 바라보는 시야의 위치를 잘 생각하고 테라리움을 디자인한다면 드넓은 초원을 표현할 수도, 자연의 작은 한편을 똑 떼어온 듯한 느낌을 낼 수도 있다. 즉, 나무를 표현할 것인지, 숲을 표현할 것인지를 선택하여 그 콘셉트에 맞는 레이아웃을 설정해야 한다.

테라리움의 허파, 저면 만들기

테라리움의 하단부를 저면이라고 부른다. 저면에서 습도 유지와 식물 뿌리의 과습 방지, 공기의 원활한 흐름을 모두 담당하기 때문에, 저면이 얼마나 잘 다져져 있느냐에 따라 내부 생태계가 얼마나 잘할 수 있는지가 결정된다.

저면은 배수층과 바닥층으로 나뉜다. 배수층은 고인 물을 썩지 않게 도와주고 습도 유지에 중요한 역할을 하며, 바닥층은 식물을 식재하는 부분으로, 식물이 건강하게 뿌리를 내릴 수 있도록 도와준다.

물 빠짐에 꼭 필요한 배수층

테라리움을 만들 때 가장 먼저 할 일은 저면에 배수층을 만드는 일이다. 배수층의 원리는 정수기 필터와 비슷하다. 탁하게 오염된 물이 큰 입자와 작은 입자를 거치면서 맑게 정화되는 것과 같다. 배수층을 쌓는 것도 이와 비슷하다.

배수층에 들어가는 재료인 배수재는 자연 소재와 인공 소재가 있다. 자연 소재에는 흡착력이 강한 숯활성탄, 난석, 화산석과 같은 재료 등이 있으며, 인공 소재에는 가볍고 배수성이 좋은 폴리나젤 스펀지 등이 있다.

배수재의 종류

자연 소재 일반적으로 숯활성탄, 난석, 화산석, 마사토, 모래 등이 쓰인다. 숯활성탄은 분무 후에 고인 물의 탁도를 감소시키고 불순물을 흡착하여 물을 정화하며, 테라리움 내부에서 발생하는 부패물의 냄새를 잡아주어 공기를 깨끗하게 유지하는 데도 도움을 준다. 또한 곰팡이와 같은 질병을 예방하는 장점이 있다.

난석과 화산석, 마사토는 모두 다른 질감과 색감을 갖고

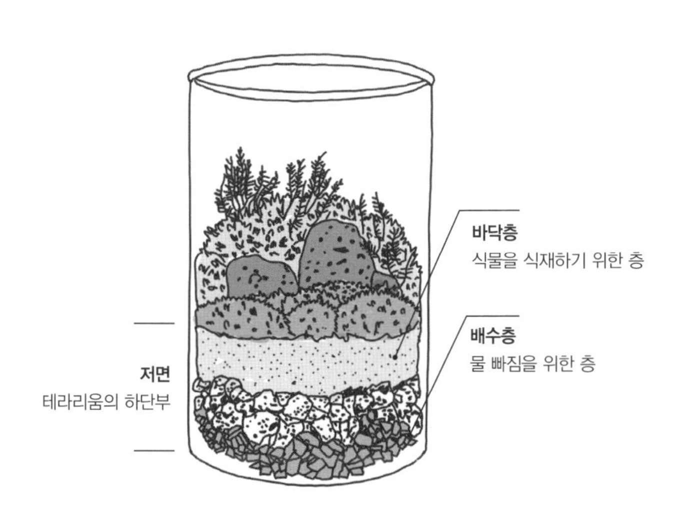

저면을 구성하는 배수층과 바닥층

있어 배수층을 쌓고 디자인할 때 취향에 맞게 사용하면 된다. 특히 화산석은 기공이 많기 때문에 기공 사이사이에 미생물과 이로운 박테리아가 서식하는 공간을 마련해주어 장기적으로 유지 관리하는 데 효과적이다.

숯활성탄과 돌을 섞어 써도 무방하지만, 테라리움은 유리 용기로 되어 있어 저면이 밖에서 들여다보이는 구조이므로, 층을 나누어 쌓는다면 보기에도 좋다. 다만, 돌의 입자가 크다면 숯활성탄 위에 돌을 쌓아야 하며, 반대로 돌의 입자가 작다면 돌을 먼저 깔고 숯활성탄을 올리는 것이 좋다. 돌 틈으로 숯활성탄이 들어가는 것을 방지하기 위해서다.

배수재는 종류를 막론하고 반드시 세척하여 사용해야 한다. 세척하지 않은 돌을 사용할 경우 돌가루나 불필요한 작은 입자가 바닥에 깔려 미관상 보기 좋지 않으며, 벌레의 알과 같은 치명적인 불청객이 찾아올 수도 있다.

인공 소재 테라리움은 배수재 외에도 다양한 재료가 들어가기 때문에 무게를 고려하지 않는다면, 완성한 후에 무게가 만만치 않아 옮기기 힘들어지는 경우도 더러 있다. 이를 해결하기 위해서 난석류의 돌 대신 폴리나젤 스펀지를 활용하는 것을 추천한다. 폴리나젤 스펀지는 어항 여과기에 들어가는 재료로 쓰일 만큼 물을 정화하는 능력이 뛰어날 뿐 아니라 무게 또한 가볍다.

폴리나젤 스펀지를 바닥에 깐 후, 숯활성탄이나 난석과 같은 재료를 올린다면 무게를 가볍게 만들 수 있다.

식물 식재를 위한 바닥층

식물 식재를 위해서는 식물이 자랄 수 있는 흙을 깔아야 한다. 이 부분을 바닥층이라고 한다. 배수층 위에 쌓는 것이 일반적이다. 그렇다면 테라리움에 가장 적합한 흙은 무엇일까? 흙은 식물에게 양분을 전달하는 역할도 하지만 곰팡이균과 같은 불필요한 미생물에게도 양분을 준다. 따라서 양분 많은 흙을 사용하면 흙 표면이나 내부에 곰팡이가 피어 감상을 방해할 수가 있다.

특히 테라리움은 높은 습도를 유지해야 하므로, 흙 역시 세균 번식의 억제, 통기성, 습도 유지가 가장 중요하다.

바닥재의 종류

건수태 건수태는 생수태스패그넘모스를 건조시킨 것으로 테라리움에 없어서는 안 될 필수 재료다. 건수태는 자신의 부피의 16~26배의 수분을 머금을 만큼 훌륭한 보습성을 가지고 있으며, 통기성이 뛰어나고 항균작용을 하는 효자 재료다. 건수태를 잘라 다른 재료와 혼합하여 사용하면 습도 유지뿐 아니라 식물 생장에도 도움이 된다. 경우에 따라 식물 뿌리에 수태를 감아 단독으로 식재를 해도 된다.

적옥토 일본 관동지방의 화산재가 쌓여 붉게 생긴 흙을 건조시킨 재료다. 무기질이기 때문에 세균의 번식이 어렵고 입자 사이에 물이나 공기가 흐를 수 있는 구조로 되어 있다. 적옥토는 진흙을 뭉쳐 만든 흙이기 때문에 통기성이 좋아, 뿌리 과습을 피하면서 건조함도 줄일 수 있다.

다만 흙의 특성상 시간이 지나면 점점 바스라지면서 진흙으로 변하기 쉽기 때문에 100% 적옥토를 사용하기보다 다른 재료를 배합하여 사용한다면 테라리움에 가장 이상적인 바닥재가 될 것이다. 입자는 적옥토 중립 이상을 사용하는 것을 권장한다.

피트모스 피트모스peatmoss는 캐나다, 북유럽, 러시아와 같은 추운 나라의 늪지대 지역에서 이끼나 수초 등이 오랜 세월 침식되어 만들어진 흙이다. 약산성과 무균성을 띠고 있어 곰팡이 발생을 억제하고 테라리움에 생기는 해로운 질병을 예방하는 데 효과적이다. 보습력 또한 좋아 물을 잘 머금어 테라리움 내의 공중습도를 올려주는 장점이 있다.

하지만 피트모스는 물에 잠긴 상태로 오랫동안 두거나 밀폐된 공간에서 습한 상태를 유지하게 되면 황화수소가 발생하면서 뿌리가 썩게 된다. 또한 뿌리파리가 생길 수도 있다. 뿌리파리는 습한 토양을 좋아하여, 축축한 피트모스가 알을 낳는 장소로는 제격이기 때문이다. 따라서 피트모스는 자연미를 연출하기 위한 장식재나 빈틈의 마감재로 쓰는 것이 좋으며, 적옥토와 건수태와 같이 통기성 좋은 재료와 소량 섞어 쓰는 것이 좋다. 밀폐형 유리병 테라리움의 경우에는 바닥재로 써도 무방하다.

한편, 피트모스는 환경적인 측면에서 채굴 과정에서 이산화탄소를 발생시킨다는 문제도 제기되고 있다. 그런 점에서 볼 때 코코피트cocopeat는 좋은 대안이 될 수 있다. 코코피트는 코코넛 껍질에서 섬유질를 추출하여 만든 흙이다. 코코넛 섬유를 3개월 동안 물에 불려 부드럽게 만든 뒤, 1년 이상 건조시킨 뒤 생산된다. 버려지는 코코넛 껍질을 재활용한다는 점에서 친환경적이기도 하다. 코코피트는 피트모스와 같이 보습력과 통기성이 좋다는 장점이 있어서 테라리움에 넣기에도 적합하다.

아쿠아소일 아쿠아소일aqua soil은 흑토를 고온 처리하여 만든 수초 전용 흙으로, 일본에서 개발된 재료다. 아쿠아소일은 물속에서 오랫 동안 사용해야 하므로, 기본적으로 수초에 영양을 공급하면서도 박테리아의 서식처를 제공하여 수질을 안정적으로 유지하는 능력이 있다. 이러한 특성 때문에 최근에는 테라리움에 저면을 아쿠아소일만으로 사용하는 경우도 늘고 있다.

아쿠아소일은 영양계 소일과 흡착계 소일로 나누어진다. 영양계 소일은 유기영양분이 다량 함유되어 있어 수초와 같은 식물을 키우는 데 최적화되어 있는 반면, 흡착계 소일은 무기질성분에 무수한 미세기공이 있어, 물속 생물이 빠르게 자리 잡는 데 도움을 준다. 하지만 테라리움에는 어느 소일도 큰 차이는 없으나 미세기공이 많은 흡착계 소일이 좀더 적당한 바닥재라고 할 수 있다.

배합토 피트모스또는 코코피트와 건수태, 적옥토를 1:4:5의 비율로 배합한다면 테라리움을 유지 관리가 수월해진다. 또는 건수태와 적옥토를 5:5 비율로 배합하고 피트모스는 표면의 장식재료로 뿌려줘도 괜찮다.

피트모스를 구매할 때는 고운 입자보다 굵은 입자가 좋다. 입자가 너무 고우면 바닥재 밑으로 빠져 흙이 유실되고 작품이 지저분해질 수 있다. 만약 아쿠아소일을 사용한다면 바닥층과 배수층 모두 100%로 구성해도 좋다.

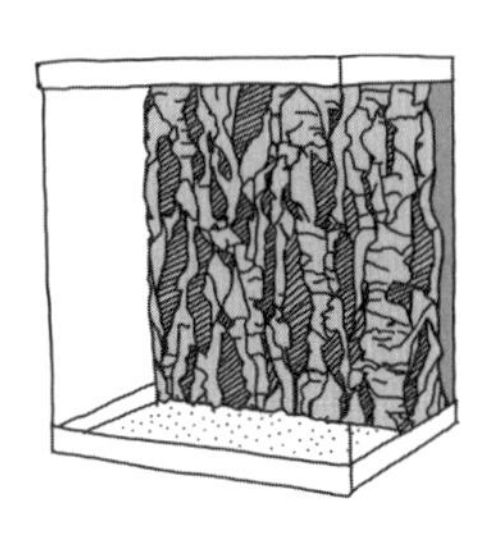

뒷면만 채우기
개방감과 공간의 여유가 생긴다.

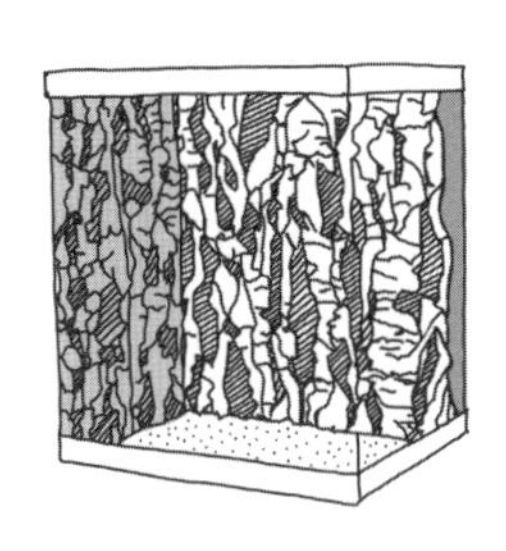

뒷면과 옆면 채우기
정면과 측면 관상이 가능하며다
다른 느낌을 연출할 수 있다.

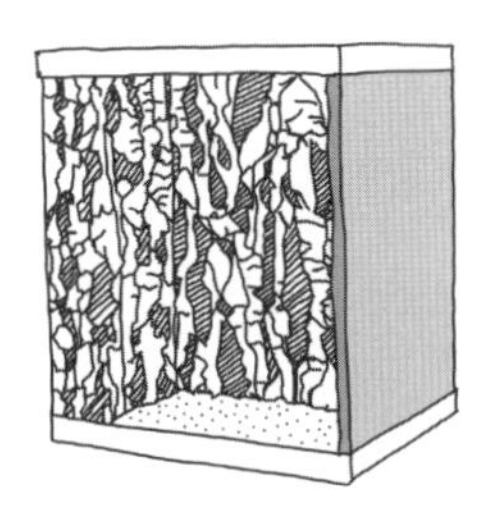

3면 채우기
가장 몰입감 있고 풍성한
레이아웃을 연출할 수 있다.

벽면에 따른 레이아웃 구성

입체감 높여주는 벽면 제작

테라리움의 공간은 사방에서 감상이 가능하지만 유리면에 벽을 세워 덩굴식물을 식재함으로써 좀더 다양하게 연출할 수 있다. 유리병 테라리움의 경우에는 4면을 모두 개방하는 것이 일반적이지만, 육면체 테라리움의 경우, 뒷면과 옆면에 벽면을 세운다면 더욱 몰입감 있는 환경을 만들 수 있다.

뒷면과 양쪽 옆면, 총 3개 면을 어떻게 채울 것인지에 따라 전혀 다른 느낌을 준다. 또한 테라리움 작품이 어느 공간에 놓이느냐에 따라서도 벽면의 형식을 다르게 할 수 있다.

벽면 만들기의 4형식

4면 개방 가장 간단하면서 여백의 미를 느낄 수 있으며 정적인 분위기를 만들어내기에 좋다. 4면 개방 형식은 둥근 유리병뿐만 아니라 육면체 테라리움을 제작할 때도 동일하게 적용된다.

장점은 투명한 벽면이 모두 비어 있기 때문에 어떤 방향에서든 작품을 감상할 수 있다는 것이다. 단 4면 개방 테라리움은 저면의 높낮이와 굴곡이 작품의 완성도에 크게 관여하므로, 이를 신경 써서 제작하는 것이 중요하다.

1면 벽면 벽면의 한쪽만 채우는 형식은 저면과 벽면에 식물을 식재할 수 있으므로 공간감이 생긴다. 이 형식은 원근감을 표현하기에도 좋다. 또한 3면에서 관상할 수 있기 때문에 개방적인 공간에 작품을 배치한다면 훨씬 좋은 인테리어 효과를 낼 수 있다.

2면 벽면 뒷면과 옆면을 채우는 형식은 정면과 한쪽 측면에서 관상할 수 있다. 이 형식은 재료를 어떻게 배치하느냐에 따라 전혀 다른 느낌을 준다. 2면을 활용할 수 있기 때문에 더 많은 식물을 식재할 수 있어 훨씬 풍성한 느낌의 연출이 가능하다. 원경보다는 열대 우림과 같은 근경을 표현하는 데 유리하다.

3면 벽면 3면을 모두 채우는 이 형식은 정면에서만 감상할 수 있다는 한계가 있다. 하지만 다른 형식에 비해 압도적인 몰입감과 감동을 주는 형식이라고 할 수 있다. 세 개의 벽면을 이용하기 때문에 좀더 입체적인 연출이 가능하며 정글바인 등을 이용한 다채롭고 창의적인 표현을 할 수 있다.

다양한 벽면 장식법

벽면을 장식하는 데 필요한 재료들은 시중에서 쉽게 구할 수 있고 방법 또한 다양하다. 여기에서는 코르크보드나 테라보드 등을 이용하여 나무껍질의 질감을 표현하는 법, 생명토와 같은 흙으로 붙이는 법, 그리고 우레탄폼으로 성형하는 방법을 소개한다.

돌과 유목 쌓기 돌과 유목을 차곡차곡 벽면에 쌓는 법이다. 벽면에 쌓기 위해서는 다양한 접착 도구를 이용해야 한다. 생명토나 실리콘 등을 이용하여 붙일 수 있다. 돌과 유목 쌓기는 케이스가 무거워질 수 있으므로 작은 테라리움을 제작할 때 적합하다.

나무 질감 연출법 나무의 질감을 내는 데는 유목도 있지만, 코르크보드나 테라보드또는 테라클로드와 같은 기성 재료를 이용해도 좋다. 코르크보드는 흔히 '굴피 껍질'이라고도 부른다. 보드판 형태의 나무껍질이기 때문에 벽면에 부착하면 손쉽게 자연미를 살릴 수 있다. 그 사이에 이끼와 식물로 채워 넣으면 더 몰입감 있고 입체적인 테라리움을 만들 수 있다. 원경의 표현보다 나무 밑둥이나 밀림의 아랫 부분을 밀도 있게 표현할 때 사용하면 효과를 볼 수 있다. 단, 입체감을 살리는 데는 한계가 있다.

테라보드는 천연코르크와 바크, 활성탄 등을 섞어 만든

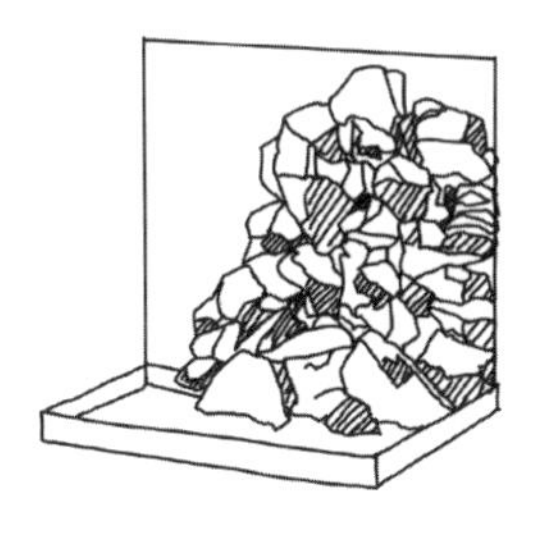

돌과 유목 쌓기
돌이나 유목을 아래부터
차곡차곡 쌓아올린다.

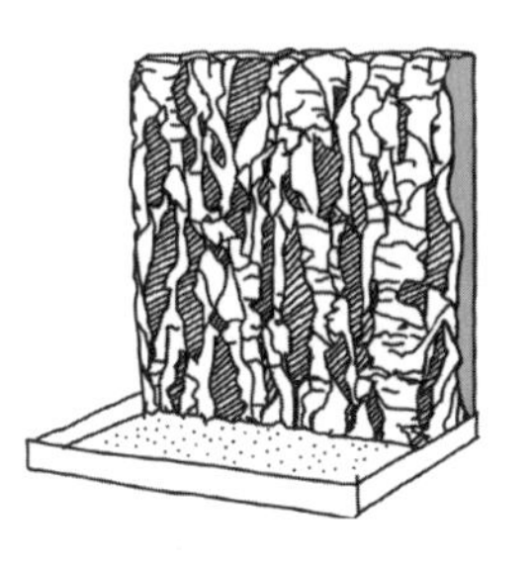

나무 질감 연출법
코르크보드 등을 이용하여
벽면에 부착한다.

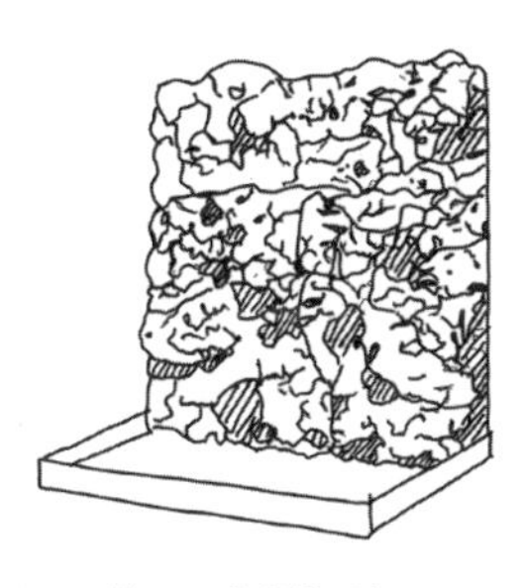

흙으로 마감하는 법
생명토나 붙이는 흙으로
벽면에 붙인다.

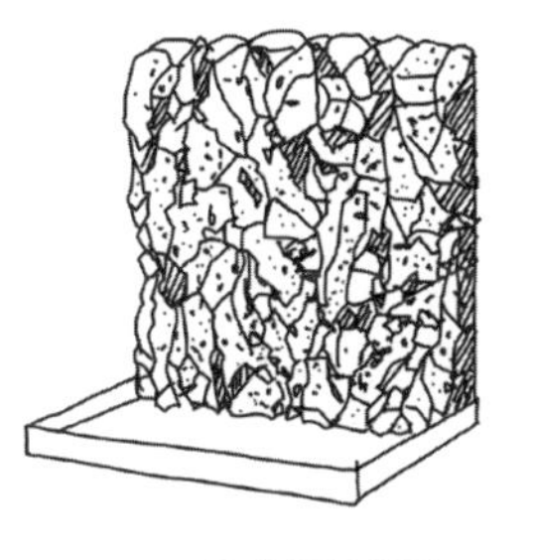

우레탄폼 성형법
우레탄폼을 발포하여
원하는 지형을 만든다.

벽면 장식을 쉽게 하는 4가지 방법

식생보드다. 판 형태로 되어 있어 부착이 쉽고, 칼로 긁어내거나 잘라서 원하는 질감을 표현하기에 용이하다. 테라클로드는 블럭 형태로 되어 있는 천연 식생 재료로, 테라보드 위에 덧대 볼륨감을 주거나, 부분적으로 덩굴식물을 식재할 때 사용하면 좋다.

흙 마감법 흙을 이용하여 벽면에 붙이는 방법은 흙 자체의 질감보다 그 위에 이끼나 덩굴식물을 붙이는 용도로 사용할 때 쓴다. 시중에 판매되는 테라리움 전용 붙이는 흙을 구매해도 좋으며, 생명토와 건수태를 혼합하여 사용하는 방법도 있다. 또한 유목과 돌을 쌓고 틈새를 메우기에 좋은 재료다.

다만, 이런 흙은 식물 성장에는 도움을 주지만, 수분으로 점성과 부착력을 유지하기 때문에 오랜 시간 관리하다보면, 유기물이 분해되면서 수축되는 단점이 있다. 따라서 벽면을 온전히 흙으로 마감하기보다 식물을 식재할 곳에 부분적으로 사용하는 것이 좋다.

우레탄폼 성형법 우레탄폼을 이용하면 원하는 모양으로 벽면을 성형할 수 있다. 우레탄폼은 일반적으로 건물의 방수, 방음, 단열을 목적으로 틈새를 메울 때 쓰는 재료로, 폴리우레탄에 발포제를 혼합하여 만든 제품이다. 무게 또한 가볍

코르크보드
나무 질감을 구현하기 좋고
부착도 간단하다.

우레탄폼
벽면을 입체적으로
성형을 하기에 좋다.

생명토
이끼나 덩굴식물을
붙여 식재하기에 좋다.

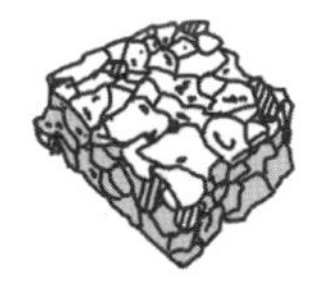

테라보드
테라리움 전용 식생보드로,
칼로 긁어 질감 표현하기에 좋다.

테라클로드
테라리움 전용 식생블럭으로,
테라보드의 볼륨감을 내는 데
유용하다.

벽면 장식에 쓰이는 다양한 재료

고 절연성도 뛰어나다.

이러한 특징을 이용하여 발포 후 경화된 스티로폼을 원하는 형태로 깎아 벽면의 지형을 만들 수 있기 때문에 다채로운 레이아웃을 만들 수 있다. 우레탄폼은 불에 취약한 가연성 제품과 불이 붙어도 인체에 비교적 덜 해로운 난연성 제품이 있으니, 반드시 난연성 제품을 구입하자. 아울러 발포 시에는 반드시 장갑을 착용해야 한다. 재료가 점착력이 강해 신체에 묻으면 끈적거려 제거하는 데 애를 먹는다.

작업을 할 때 주의할 점은 분사 직후 액체처럼 흘러내리는 특성이 있으니 반드시 케이스를 눕혀서 분사해야 한다는 것이다.

우레탄폼은 건조되는 과정에서 부풀어오르며 경화되는 특징이 있다. 따라서 최초에 분사한 부피보다 2배 가까이 부풀기 때문에 초반에 너무 많이 분사하면 안 된다. 약 24시간 후 완전히 건조되어 굳으면 커터칼을 사용하여 원하는 모양대로 성형하면 된다.

원하는 모양을 만든 후에는 검정색 실리콘을 우레탄폼 위에 빈틈없이 발라준다. 실리콘은 작은 페인트 붓을 사용하거나 라텍스 장갑을 착용한 후 발라주면 쉽다. 실리콘을 우레탄폼 위에 전부 바른 후에는 건조한 피트모스나 코코피트를 그 위에 뿌려주어야 자연스러운 흙 벽의 느낌을 살릴 수 있다. 피트모스는 완전히 잘 붙을 수 있도록 손으로 꾹꾹 눌러주어 붙여준다. 다 마를 때까지 최소 24시간 정도 시간을 갖는 것이 필요하다. 건조시키지 않고 성급하게 다음 작업을 하면 실리콘의 독소가 남을 뿐 아니라 케이스 내부에 지독한 냄새가 배어 내부 환경을 해칠 수 있기 때문이다.

일반 우레탄폼을 사용해도 무방하지만 최근에는 테라리움 전용 우레탄폼이 판매되고 있다. 전용 우레탄폼은 검정색으로 되어 있어 별도의 후반작업은 필요 없지만, 가격이 비싼 것이 단점이다.

벽면 식물 잘 식재하는 법

저면은 흙이나 돌과 같은 자연적인 재료로 이루어져 있기 때문에 흙을 파내어 식물을 식재하면 되지만, 벽면은 다양한 소재의 인공재료로 마감하는 경우가 대부분이기 때문에 식재 방법이 다르다. 식물의 종류와 콘셉트에 따라 생명토 식재와 저면 식재, 소형 플라스틱 화분 식재 그리고 코르크 튜브 식재 등이 있다.

이끼 활착하기 좋은 생명토 식재

벽면에 이끼나 덩굴식물을 식재할 때는 생명토를 바르면 쉽게 활착을 할 수 있다. 생명토만으로도 점착력이 있어 잘

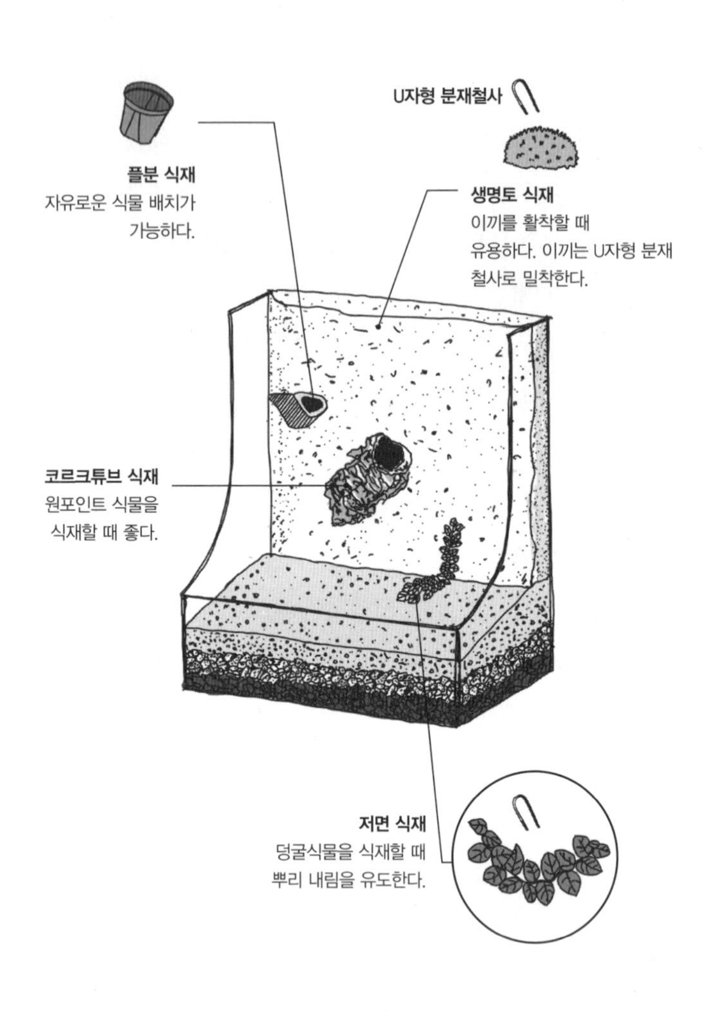

벽면식물의 다양한 식재법

붙지만 건수태와 생명토를 5:5 비율로 배합하여 붙이면 통기성도 좋아진다. 그 위에 이끼를 얹어 손으로 꾹꾹 누른 후 분재철사를 U자 모양으로 구부려 꽂아 고정시킨다. 덩굴식물의 경우에는 공기뿌리가 밀착할 수 있도록 U자 분재철사를 꽂는 것이 중요하다.

덩굴식물에 좋은 저면 식재

덩굴식물을 식재할 때는 반드시 벽면에 바로 붙이지 말고, 뿌리 부분을 저면에 밀착하여 심어야 한다. 이끼와 마찬가지로 분재철사를 U자 모양으로 구부려 밀착한다. 덩굴식물을 벽면에 바로 붙이면 당장 풍성해보일지 몰라도, 자리를 잡는 데 시간이 오래 걸릴 뿐 아니라, 경우에 따라 시들거나 죽을 수도 있다.

덩굴식물을 벽면에 식재하는 가장 좋은 방법은 식물을 별도로 축양하여 아랫부분의 뿌리를 충분히 받아낸 뒤 테라리움에 옮겨 심는 것이다. 만약 여의치 않다면 줄기에서 나온 공기뿌리를 저면에 밀착하여 심고, 충분히 뿌리를 내린 뒤 벽면을 타고 오르도록 유도한다.

자유로운 식물 배치에는 플분 식재

자유롭게 식물을 배치하려면 플분플라스틱 화분 식재법을 활용하자. 단, 벽면 작업을 하기 전에 먼저 배치할 식물의 종류와 개수, 위치를 정확하게 파악하는 것이 중요하다. 플분 식재법은 식물의 크기와 빛 요구량에 따라 자유롭게 식물을 배치할 수 있지만, 벽면 마감은 생명토나 우레탄폼으로 하는 것이 좋다. 플분의 모습을 벽면에 완벽하게 감춰져야 하기 때문이다.

원포인트 식물 식재에는 코르크튜브

코르크튜브의 빈 공간에 식물을 식재하면 마치 나무에 식물이 활착하여 자라나는 자연스러운 연출이 가능하다. 이 경우에는 주목을 끌 만한 원포인트 식물을 식재하는 것이 좋다. 단, 코르크튜브의 모양이 일정하지 않기 때문에 모양과 형태에 어울리는 식물을 식재해야 한다는 제약이 있다. 코르크튜브 내부에는 폴리나젤 스펀지를 끼워 넣은 후 식물 뿌리를 젖은 수태에 감아 넣으면 된다.

테라리움 간단하게 잘 만드는 법

쉽게 만들 수 있는 테라리움

이 장에서는 앞서 소개한 제작의 기본기를 바탕으로 다양한 형태의 테라리움을 제작하는 방법을 설명한다. 이끼만으로 꾸미는 이끼리움과 가정에서 흔히 구할 수 있는 유리병 테라리움, 수조나 전용 케이스를 이용한 육면체 테라리움, 그리고 초보자를 위한 간단한 팔루다리움의 제작 등 용기별 제작 과정을 따라할 수 있도록 구성했다.

여기에 소개하는 이끼리움의 경우 바닥재를 적옥토만으로 구성한 것이 특징이며, 유리병 테라리움과 육면체 테라리움은 배수재와 바닥재를 넣어 가장 효율적으로 관리할 수 있는 방법을 소개했다. 육지부와 수중부가 있는 팔루다리움 역시 측면여과기와 어항만으로 간단하게 만들 수 있는 방법을 소개한다. 하나씩 따라하다 보면 나만의 콘셉트와 구성 방식을 터득하게 될 것이다.

이끼리움 만드는 법

☑ 유리병, 적옥토, 수태, 화산석, 가는흰털이끼, 꼬리이끼

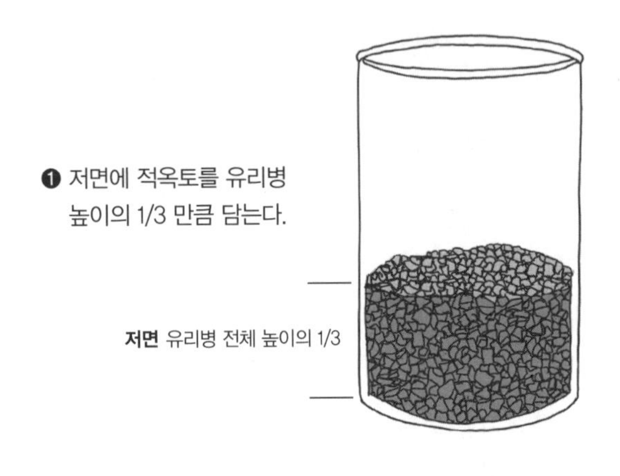

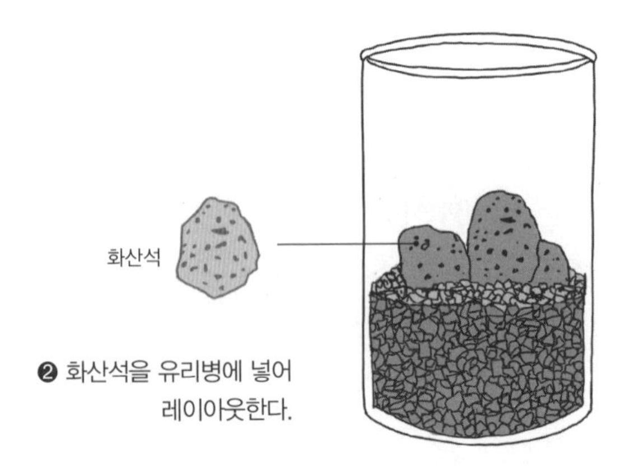

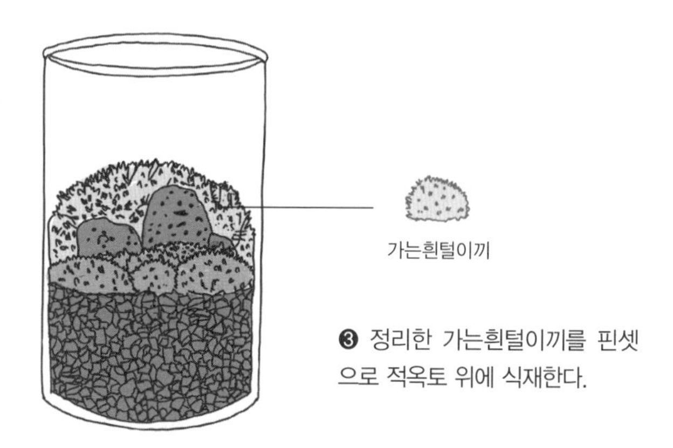

❸ 정리한 가는흰털이끼를 핀셋으로 적옥토 위에 식재한다.

tip 이끼는 공중습도만으로 유지할 수 있지만, 지나친 분무는 과습을 일으키니 각별한 관리가 필요하다.

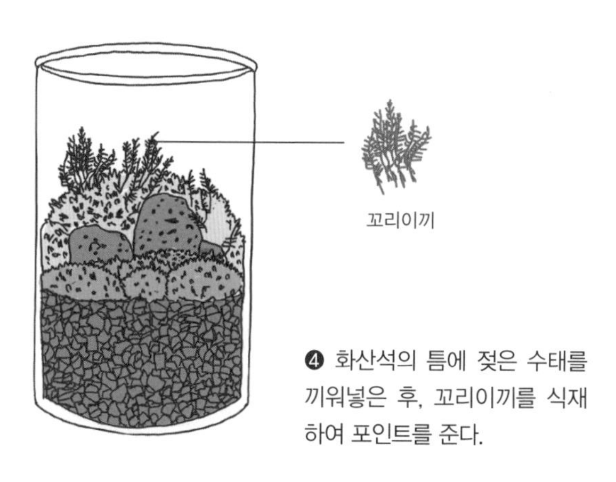

❹ 화산석의 틈에 젖은 수태를 끼워넣은 후, 꼬리이끼를 식재하여 포인트를 준다.

유리병 테라리움 만드는 법

☑ 유리병, 숯활성탄, 난석, 피트모스, 수태, 돌, 가는흰털이끼, 고사리

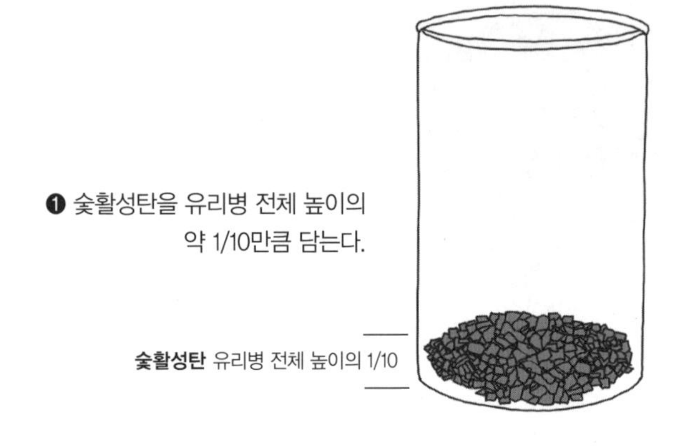

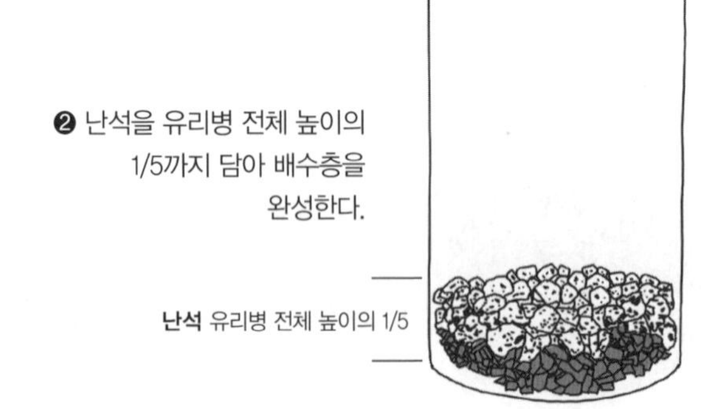

❸ 피트모스:수태:적옥토(2:4:4) 배수층 위에 바닥재를 담는다. 뒷부분은 높여준다.

tip 유리병 표면의 희미한 세로줄이 전방에 오지 않게 주의한다.

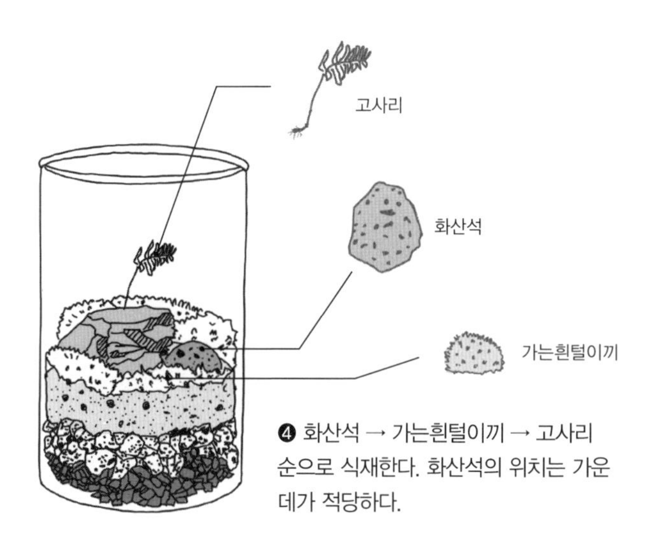

❹ 화산석 → 가는흰털이끼 → 고사리 순으로 식재한다. 화산석의 위치는 가운데가 적당하다.

육면체 테라리움 만드는 법

☑ 육면체 수조, 폴리나젤 스펀지, 원예용 부직포, 실리콘, 글루건, 커터칼, 가위, 난석, 수태, 적옥토, 돌, 유목, 비단이끼, 깃털이끼, 상록넉줄고사리, 푸밀라 미니마

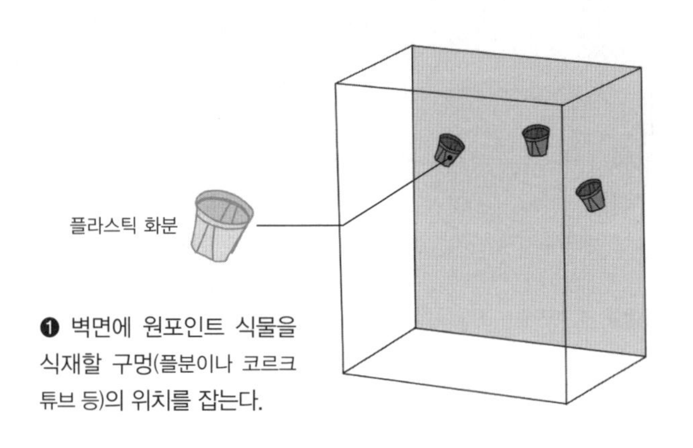

❶ 벽면에 원포인트 식물을 식재할 구멍(플분이나 코르크 튜브 등)의 위치를 잡는다.

❷ 케이스를 눕혀 코르크 튜브, 유목 등을 벽면에 붙인다. 재료는 글루건으로 임시 고정한다. 위치가 정해지면 실리콘으로 완전히 고정시킨다.

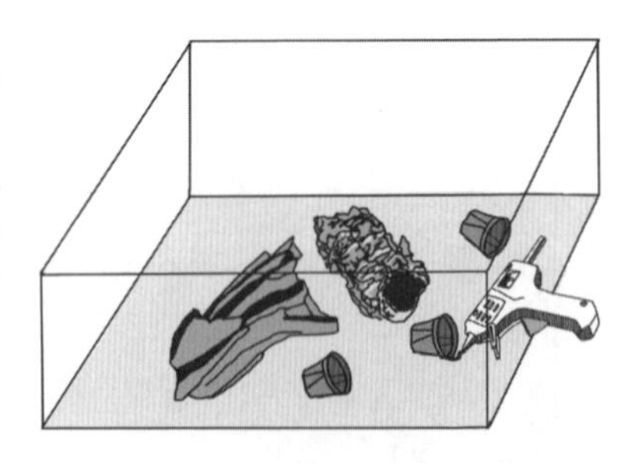

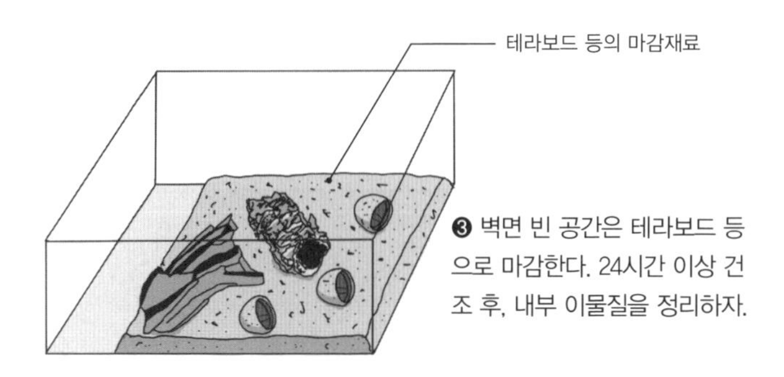

❸ 벽면 빈 공간은 테라보드 등으로 마감한다. 24시간 이상 건조 후, 내부 이물질을 정리하자.

tip 마감재료는 생명토, 코르크보드, 우레탄폼 등을 이용한다.

80쪽 참고

❹ 폴리나젤 스펀지로 배수층을 깐다. 케이스 앞부분은 2cm의 공간을 비운다. 배수층 높이는 저면의 2/3가 적당하다.

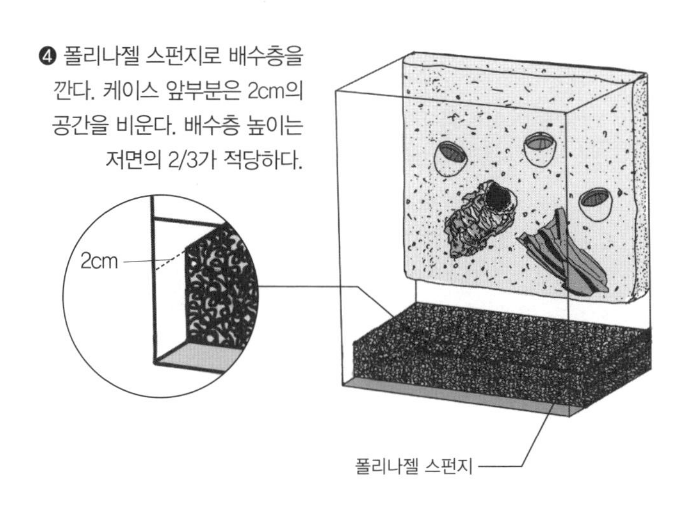

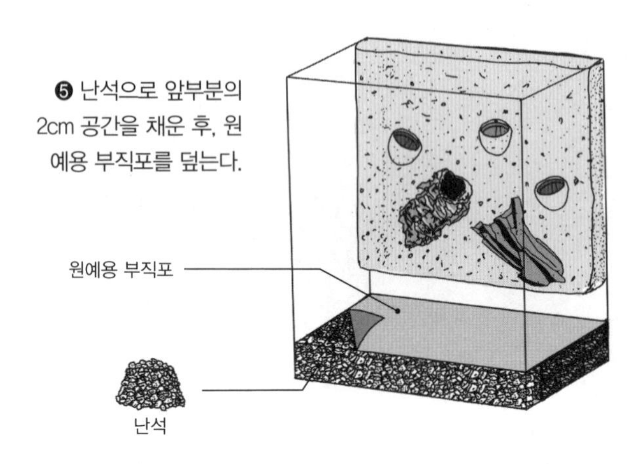

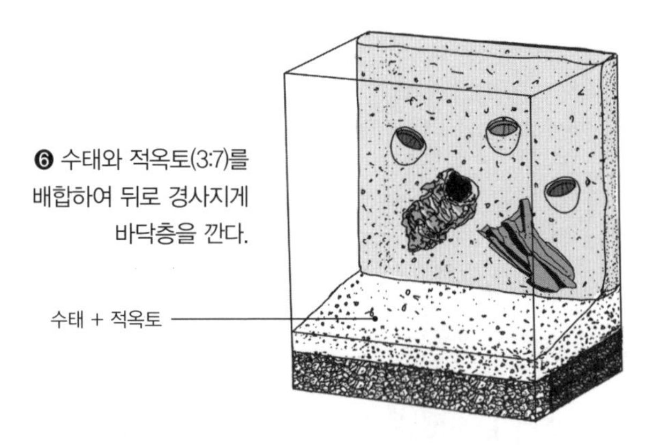

tip 앞부분의 빈 공간은 폴리나젤 스펀지를 가리기 위한 용도이니 난석이 없다면 마사토나 화산석 등으로 채워도 무방하다.

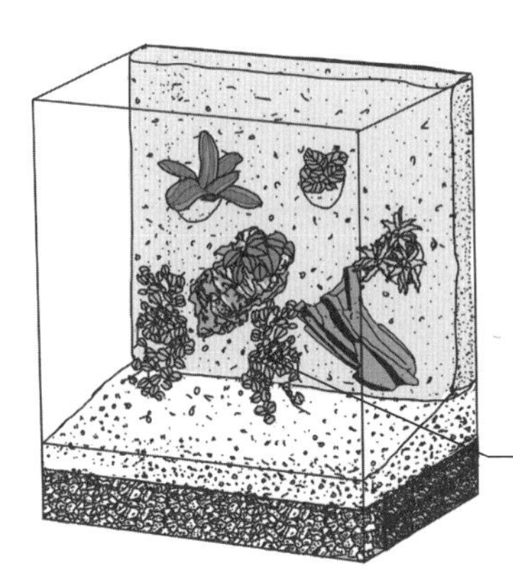

❼ 벽면식물을 식재한다. 덩굴종을 식재할 땐 바닥층에 밀착하여 벽으로 유도한다.

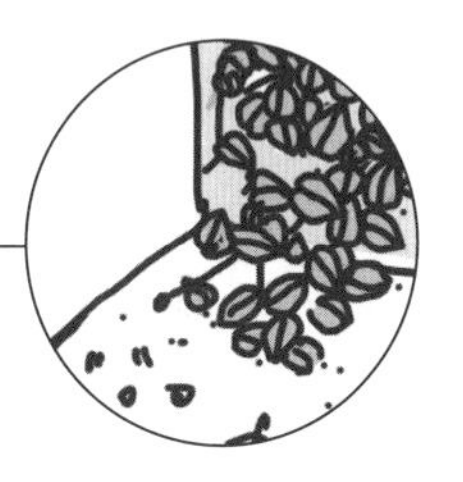

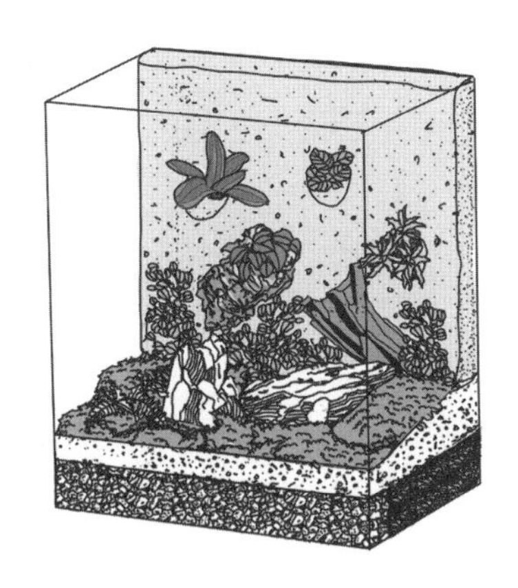

❽ 분무기로 바닥층을 적신 후, 돌/유목 → 식물 순으로 레이아웃한다.

tip 등각류를 넣어 자연 친화적으로 곰팡이를 방지하자. 공벌레와 톡토기가 대표적이다.

초간단 팔루다리움 만드는 법

☑ 오픈형수조, 청룡석, 모래, 측면여과기, 순간접착제, 아누비아스 나나, 들덩굴초롱이끼, 상록넉줄고사리, 피토니아, 수태

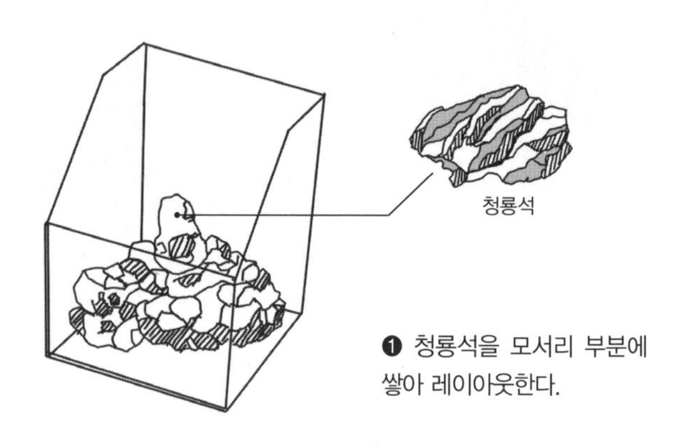

❶ 청룡석을 모서리 부분에 쌓아 레이아웃한다.

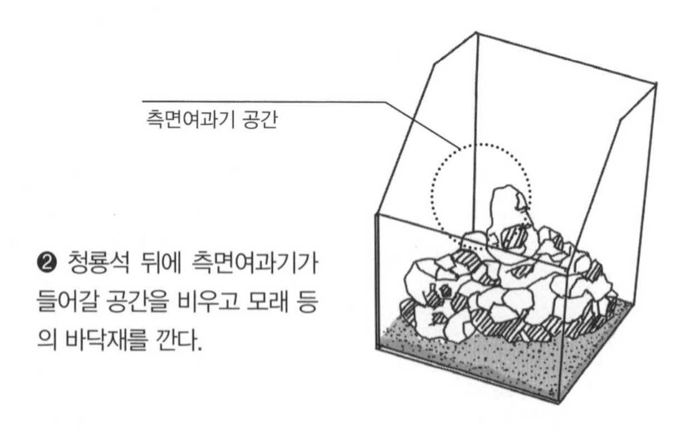

❷ 청룡석 뒤에 측면여과기가 들어갈 공간을 비우고 모래 등의 바닥재를 깐다.

❸ 모래 등의 바닥재를 깔고 돌 뒷공간에
측면여과기를 설치하고 물을 붓는다.

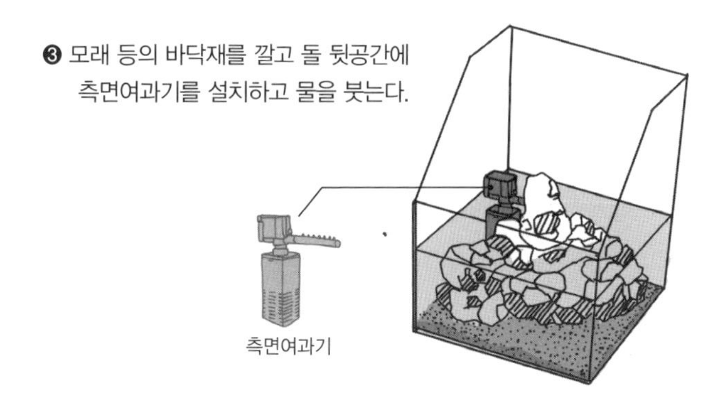

tip 물을 부을 때는 분진이 날릴 수 있으므로 비닐봉지 등을 깔고 그 위에 물을 천천히 붓는다.

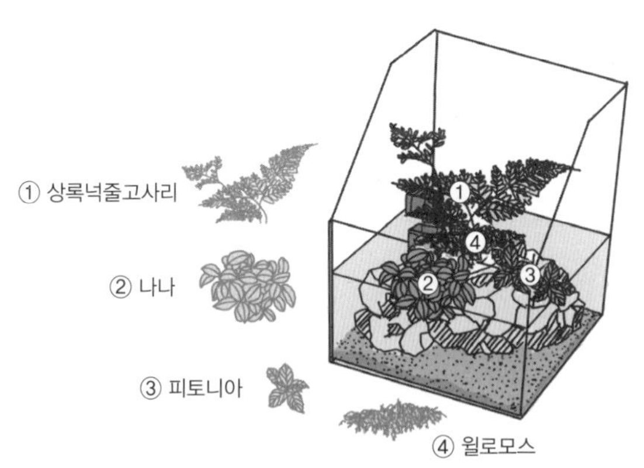

❹ 돌 틈에 잎 넓은 중경식물을 식재하고
돌 위에 들덩굴초롱이끼 얹는다.

tip 나나, 들덩굴초롱이끼는 물이 닿는 곳에 식재한다.

팔루다리움 제대로 만드는 법

수중부 면적에 따라 달라지는 콘셉트

팔루다리움은 육지와 물이 만나 동적인 생태계를 감상하는 매력이 있다. 어쩌면 팔루다리움은 축소된 자연의 결정판인지도 모른다. 팔루다리움의 '팔루스palus'는 습지나 늪을 의미하는 라틴어에서 유래한 만큼 팔루다리움 내부 역시 항상 물이 있기 때문에 자연스럽게 습도가 유지된다.

따라서 습한 환경을 선호하는 식물과 수생 또는 반수생 생물을 키우기에 적합하다. 팔루다리움의 제작은 테라리움과 꽤 닮아 있다. 식물을 식재하는 저면을 깔고 유리면에 벽면을 세워 덩굴식물이 자랄 수 있도록 레이아웃하는 과정은 동일하지만 물이 있는 공간수중부의 제작이 추가되는 것이 가장 큰 차이이다.

즉, 팔루다리움을 크게 세 개의 영역으로 나눈다면 덩굴식물이나 착생식물이 사는 벽면부와 육상식물이 사는 육지부, 그리고 수생 동식물이 사는 수중부가 될 것이다.

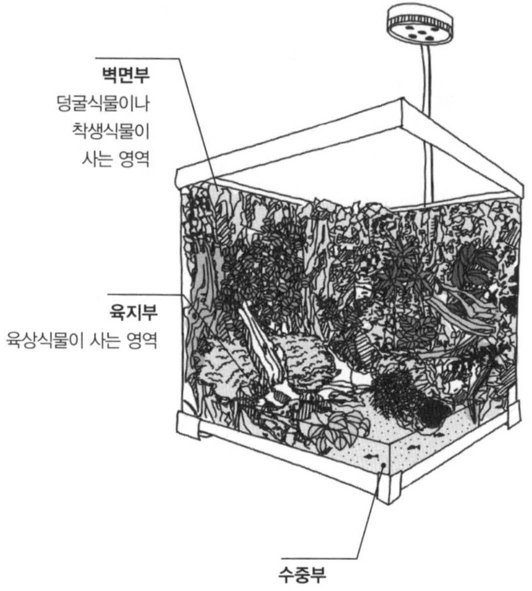

팔루다리움을 이루는 3개의 영역

따라서 팔루다리움의 특별한 점은 '소리'를 디자인할 수 있다는 것이다. 테라리움이 눈으로만 감상하는 장르라면 팔루다리움은 졸졸 흐르는 물소리가 청각을 자극한다. 물이 흐르는 부분에 어떤 재료를 놓고 수압을 얼마만큼 조절하느냐에 따라서 마음에 드는 물소리를 만들어낼 수도 있다.

팔루다리움의 심장, 여과박스 제작

이처럼 팔루다리움에는 테라리움에는 없는 수중부가 추가되기 때문에 여과장치를 만들어 물이 고이지 않고 순환하도록 하는 것이 가장 중요하다.

하지만 어항에 사용하는 스펀지여과기나 외부여과기, 측면여과기를 팔루다리움에 사용하기에는 공간의 제약이 클 뿐 아니라, 창의적인 레이아웃을 만들기에도 한계가 있다. 따라서 별도의 여과장치, 즉 여과박스를 직접 만든다면 훨씬 효율적으로 관리할 수 있다.

팔루다리움의 여과박스는 물을 여과하는 기능뿐 아니라 팔루다리움의 지형과 레이아웃을 잡는 데 기본 뼈대가 되며, 수중모터를 유지 관리하는 데도 도움을 준다.

만능 소재 포맥스 재단법

여과박스는 포맥스로 제작하는 것이 가장 좋다. 포맥스는

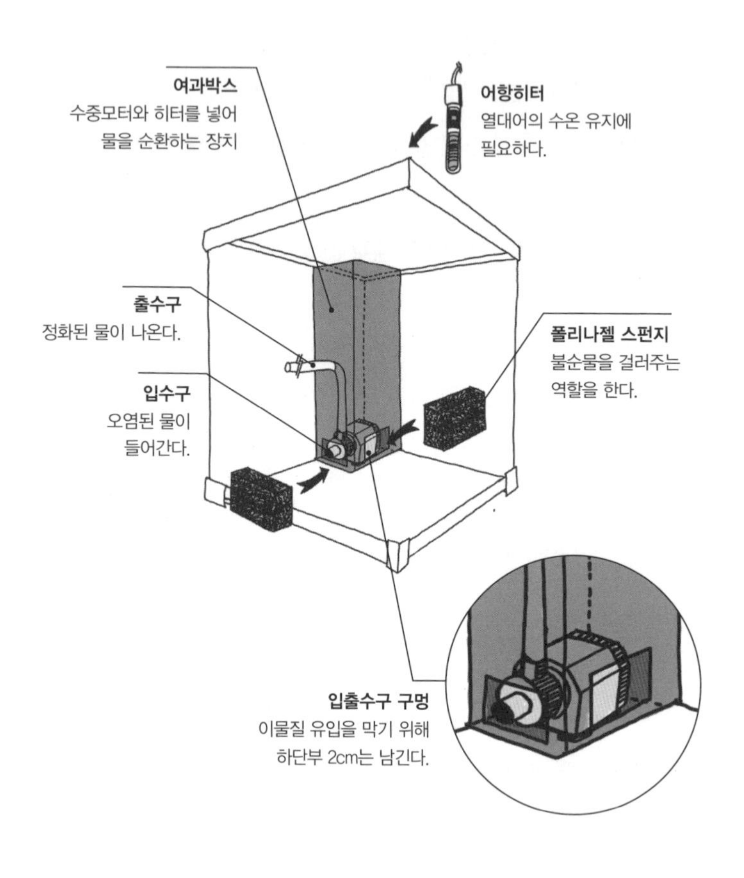
여과박스
수중모터와 히터를 넣어
물을 순환하는 장치
어항히터
열대어의 수온 유지에
필요하다.
출수구
정화된 물이 나온다.
폴리나젤 스펀지
불순물을 걸러주는
역할을 한다.
입수구
오염된 물이
들어간다.
입출수구 구멍
이물질 유입을 막기 위해
하단부 2cm는 남긴다.

팔루다리움의 여과 구조

PVC 발포수지로, PVC를 원료로 발포 압출한 재료다. 플라스틱이나 목재의 장점을 모두 갖추고 있으며, 절단이나 절곡 등의 가공이 용이하고 녹슬거나 부식이 되지 않아 인테리어 소재로도 많이 쓰인다. 무게 또한 가볍고, 방수 및 단열 효과가 뛰어나며 가격도 저렴하다. 공업용 커터칼과 자만 있으면 원하는 형태의 박스를 재단하여 만들 수 있다. 순간접착제로 쉽게 부착할 수 있다는 것도 큰 장점이다.

포맥스는 인터넷에서도 쉽게 구매할 수 있으며, 업체에서 재단 서비스도 하고 있어서 여러모로 유용한 재료다. 포맥스판의 두께는 1T~15T1T는 1mm와 같다로 다양하지만 5T가 공업용 커터칼로 가장 자르기도 쉽고 내구성도 좋다.

어떤 레이아웃을 하든 여과박스는 유지관리가 편할 수 있도록 설계를 해야 한다. 이물질이 막혀 물의 순환이 원활하지 않을 때 여과박스에서 수중모터를 빼내어 쉽게 청소할 수 있어야 하기 때문이다.

입수구와 출수구 만들기

여과박스에 수중부의 물이 들어가는 입수구와 수중모터를 통해 여과된 물이 수중부로 나오는 출수구를 만든다. 입출수구의 경우 사각형으로 구멍을 만들되, 가장 하단부 1~2cm는 남겨두고 자르는 것이 좋다. 이물질이 하단부를

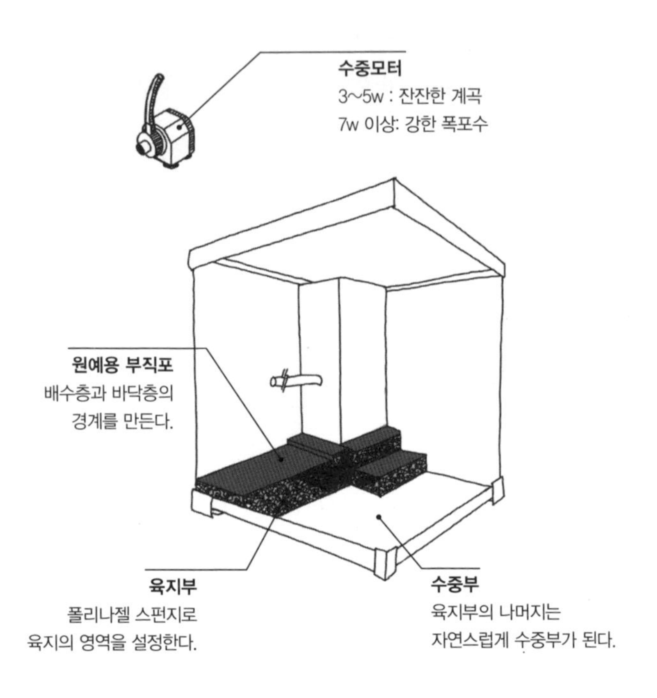

육지부와 수중부의 영역 나누기

타고 들어와 수중모터가 망가지고 여과력이 저하될 수 있기 때문이다.

출수구의 형태는 다양하게 만들 수 있다. 수중모터에 연결한 호스의 위치를 낮추면 계곡물을 재현할 수 있고, 호스의 위치를 높인다면 폭포처럼 떨어트릴 수도 있다. 또는 호스에 가는 호스선들을 연결한다면 마치 암벽을 타고 흘러내리는 물줄기를 표현할 수도 있다.

수중모터의 출력w에 따라서도 수압이 달라지므로 콘셉트에 따라 수중모터를 선택해야 한다. 계곡물 정도로 잔잔하게 흐르는 물이라면 3~5w의 수중모터를, 폭포와 같이 강한 물줄기를 만들고 싶다면 7w 이상의 제품을 사용하는 것을 권장한다.

여과박스가 완성이 되면 반드시 수조에 물을 담아 물이 잘 순환되는지 확인해야 한다. 이 작업은 여과박스의 누수를 확인하거나, 유속물의 흐름과 속도를 미리 알 수 있는 중요한 과정이다. 수온에 민감한 물고기를 키운다면 수온 조절에 필요한 어항용 히터가 들어가는 공간도 만들 필요가 있다.

식물이 사는 육지부의 제작

팔루다리움은 육지부와 수중부의 면적을 어느 정도로 설정할지에 따라 분위기도 달라진다. 수중부가 넓으면 하천,

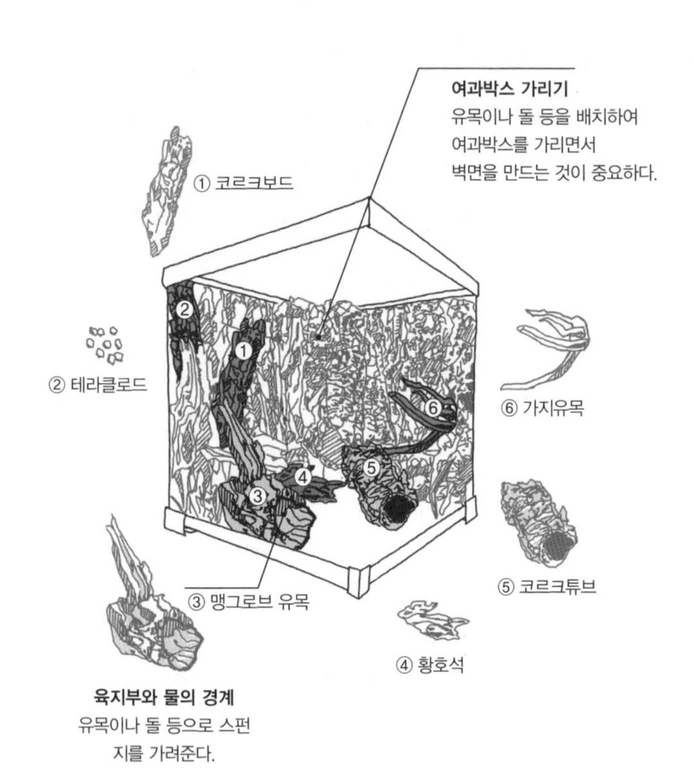
여과박스 가리기
유목이나 돌 등을 배치하여
여과박스를 가리면서
벽면을 만드는 것이 중요하다.
① 코르크보드
② 테라클로드
⑥ 가지유목
⑤ 코르크튜브
③ 맹그로브 유목
④ 황호석
육지부와 물의 경계
유목이나 돌 등으로 스펀
지를 가려준다.

벽면 꾸미기

강과 같이 넓고 탁 트인 장소를 재현할 수 있으며, 반대로 육지부를 확장시키면 계곡이나 숲 속의 연못과 같은 미지의 자연을 연출할 수 있다.

수중부를 넓히면 다양한 수생 동식물을 키울 수 있는 반면, 육지부의 공간을 넓히면 바닥층에 다양한 식물을 키울 수 있다. 따라서 콘셉트에 맞게 영역의 넓이를 설정하는 것이 필요하다. 육지부의 영역을 먼저 정하면 자연스럽게 나머지 영역은 수중부가 된다. 육지부는 폴리나젤 스펀지로 만드는 것이 가장 효과적이다. 무게도 가벼울 뿐 아니라, 재료 자체가 여과재의 역할을 하기 때문에 팔루다리움의 저면 재료로는 이상적이다.

공간감을 만드는 벽면의 제작

벽면을 만들 때 중요한 점은 여과박스를 재료로 전부 가려주어야 한다는 점이다. 그리고 여과박스에서 빼둔 고무호스의 방향을 조정하여 물길을 만들어주는 것도 빼놓아서는 안 된다. 고무호스에 ㄱ자 엘보를 부착하여 물의 방향을 만들어주는 것도 좋은 방법이다. 출수구 부분에 수압이 너무 강하다면 폴리나젤 스펀지 조각을 끼워넣어 부드러운 물줄기를 만들 수 있다.

중간중간 케이스에 물을 담아 수중모터를 작동시켜 물길

을 확인해보고 마음에 드는 물길이 만들어졌다면 실리콘으로 호스를 고정시킨다. 벽면의 제작 및 마감 방법은 테라리움의 벽면 제작과 동일하다. 78쪽

육지부와 수중부 잘 꾸미는 법

육지부와 수중부의 경계가 되는 스펀지의 앞면은 돌과 유목으로 가려 스펀지가 보이지 않도록 하는 것이 중요하다. 이 과정에서 필연적으로 유목이 수중부에 잠기게 되는데, 유목이 물과 만나면서 블랙워터black water라는 갈색빛의 물이 우러나오기도 한다. 블랙워터는 남미의 아마존의 수중 풍경을 재현하여 훨씬 자연과 가까운 느낌을 낼 수 있지만, 취향에 따라 호불호가 갈리기도 한다. 따라서 투명한 물을 선호한다면 유목 대신 수석이나 코르크튜브와 같은 재료로 육지부를 가리거나, 유목을 몇 차례 삶아 블랙워터를 없앤 후 건조시켜 사용하는 것도 한 방법이다.

유목 없이 블랙워터를 만드는 방법도 있다. 시중에 판매하는 말린 알몬드잎을 넣는 것이다. 알몬드잎은 수질 정화에도 도움이 되고 탄닌 성분이 있어서 물고기의 면역력을 높여준다. 하지만 알몬드 잎은 물의 pH수소 이온 농도 지수. 물질의 산성과 알칼리성 정도를 나타내는 수치 농도를 낮추기 때문에 낮은 pH를 선호하는 남미의 몇몇 어종에 사용하는 것이 바람직할

것이다.

벽면 완성 후에는 육지부의 빈 곳에 난석, 화산석과 같은 바닥재를 채워 넣고 수중부를 제외한 모든 육지부에 식물을 식재할 바닥층 재료를 담는다. 팔루다리움의 바닥층 재료는 적옥토와 건수태를 배합한 것이 좋다.

왜냐하면 팔루다리움은 수중모터를 사용하여 물을 순환시키기 때문에 수류가 발생하면서 육지부의 바닥층 재료가 수중부로 흘러들어 유실되기 때문이다. 특히 피트모스와 같은 부산물이 수중부로 떠밀려오게 된다면 미관상 좋지 않을 뿐더러 수중모터로 들어가 고장을 일이키기도 한다.

이를 방지하기 위해 육지부와 수중부 사이에 돌, 유목과 같은 재료로 육지부와 수중부의 확실한 경계가 만들어야 한다. 또는 플라스틱 망루바망을 이용하여 바닥층 재료를 담아 폴리나젤 스펀지 위에 올리는 것도 하나의 방법이다.

무엇보다 수중부가 육지부의 편차를 두어 수위를 일정하게 유지하는 것이 중요하다. 단, 수중모터가 물에 전부 잠겨 있는지 반드시 체크해야 한다. 수중모터가 물에 잠기지 않고 공기 중에 노출된다면 모터의 과열로 화재나 폭발의 위험이 있다. 따라서 여과박스 내부를 잘 살피면서 수중모터가 물에 잠겨 있는지 확인하는 과정을 꼭 거치자.

팔루다리움은 항상 물이 흐르는 작품이기 때문에 내부 습

식물로 팔루다리움의 3개 영역 꾸미기

도가 70~90% 이상 유지된다. 따라서 높은 습도를 고려하여 식재할 식물을 선택하는 것이 중요하다. 식물의 식재는 19쪽을 참고하다.

수생식물의 보금자리, 수중부의 제작

식물 식재 후에는 수중부에 물을 담는다. 수중부 바닥에 황금사 같은 모래나 작은 자갈을 깐다면 훨씬 자연스러운 연출이 가능하고 수초를 식재하기에도 용이하다. 물에 넣을 바닥재는 물에 한번 세척하면 물에 분진이 생기는 것을 방지할 수 있다. 물이 닿는 돌이나 유목, 코르크튜브에 삼각모스, 프리미엄모스와 같은 수초를 활착하면 옆으로 점점 퍼져나가며 아름답게 자리를 잡게 된다.

수중부에 물고기를 넣는다면 더물은 더욱 안정적으로 유지된다. 물고기가 사는 물은 식물에게 보약과 같기 때문이다. 그 물에는 칼륨, 인, 질소와 마그네슘, 철과 같은 영양소가 풍부한데, 이 영양소는 우리가 식물을 기를 때 사용하는 비료의 영양소와 굉장히 유사하다. 실제로 현재 어항에 식물을 키우는 아쿠아포닉스aquaponics라는 방식을 널리 사용중이기도 하다.

수중부에 물고기를 넣을 때는 바로 입수해서는 안 된다. 물고기가 살기 위해서는 수돗물의 염소 성분도 없어야 하고 수질을 좋게 해주는 이로운 박테리아와 미생물이 필요하다. 이 박테리아와 미생물은 동물의 배설물을 먹고 물을 정화하는 역할을 한다. 따라서 생물이 살 수 있는 환경을 인위적으로 만들어줘야 한다. 물고기를 키우는 사람들 사이에서는 흔히 "물을 잡는다"라고 표현한다. 물에 어항용 박테리아제, 수질 안정제를 넣고 2~3일 정도 수중모터를 돌려서 물을 순환시킨 채로 두면, 수질이 안정화되어 생물을 안전하게 입수할 수 있다.

물속 풍경 만드는 수생식물의 식재

암모니아는 동물의 배설물이나 먹이가 물속에서 오래 방치될 경우 생긴다. 암모니아는 아질산염을 거쳐 질산염으로 바뀌는 과정을 거치는데 질산염은 동물의 생장에 치명적이다. 수초는 이러한 현상을 어느 정도 방지할 수 있다. 수초가 질산염을 영양분으로 흡수하기 때문이다. 수초에도 여러 종류가 있지만 팔루다리움에 적합한 수초는 광량이 크게 필요하지 않은 나나, 부세파란드라와 같은 음성 수초나 나자스말, 붕어마름과 같은 생명력이 강한 수초, 또는 아마존 프로그비트, 살비니아 쿠쿨라타와 같은 부상수초가 적당하다. 하지만 우리가 흔히 개구리밥이라고 부르는 부상수초는 번식이 빨라 자칫 수면을 모두 가려버릴 수 있으므로 수초 선택에 신중을 기해야 한다. 또한 부상수초는 수류가 강하면 잘 자라지 않으므로 수류가 약한 곳에 두어야 한다.

미스팅기의 유용함

식물에 수분을 공급할 때 테라리움과 마찬가지 분무기로 직접 분무를 해줘도 되지만 팔루다리움은 자동 미스팅기를 사용하면 관리가 매우 용이해진다.

미스팅기의 수분 공급법은 크게 3가지다. 여과박스 공급법과 물통 공급법, 그리고 직수 공급법이다.

여과박스 공급법은 입수관을 여과박스에 넣으면 되기 때문에 별도의 설치가 필요없다는 장점이 있다. 하지만 수중부의 물을 이용하므로 수분 증발이 빠르고, 불순물이 입수관을 막을 확율이 높다.

물통 공급법은 비교적 깨끗한 물을 공급할 수 있다는 점에서 유지 관리하기에 편하다. 하지만 수시로 물을 보충해줘야 하는 번거로움이 있다. 또한 자칫 물 보충 타이밍을 놓치면 공기만 분사되어 미스팅기의 모터 과열로 이어지거나 수분 보충이 제때 이루어지지 않을 수 있다.

직수 공급법은 수도꼭지와 수도배관 사이에 정수기 밸브 어댑터를 결합하는 것으로 수돗물을 바로 이용하기 때문에 항상 신선한 물을 공급할 수 있다. 물을 보충해야 하는 번거로움에서도 해방된다.

다만 정수기 밸브 어댑터를 수도 배관에 연결해야 하기 때문에 자신의 환경을 먼저 고려해야 한다. 또한 이 경우 고압용 미스팅기를 사용해야 문제가 없다. 수도의 수압은 높기 때문에 물통 공급 전용의 저압용 미스팅기를 사용할 경우, 수압을 이기지 못하고 스프레이 부분에서 물이 지속적으로 새나올 수 있다.

수온 관리가 필요한 이유

팔루다리움은 내부의 온습도 관리와 함께 수온과 수질 관리도 함께 해야 한다. 여름철 수온이 너무 높으면 생물에게 해를 끼칠 수가 있고 반대로 겨울철에 수온이 급격하게 내려가도 마찬가지다.

겨울철에는 어항용 히터를 여과박스에 넣어두면 수온 관리가 용이하지만, 여름철에는 내부 온도가 상승하는 것을 잘 살펴야 한다.

특히 팔루다리움은 물이 항상 흐르는 구조이기 때문에 여름철에 밀폐된 상태가 장기간 지속되면 수중모터의 과열로 수온이 상승하게 된다. 수온이 상승하면 물속 용존산소량이 부족해지면서 물속 동식물에게는 치명적이다. 수온의 상승은 내부 온도의 상승으로 이어진다. 고온에서는 육지부의 식물들도 기공을 닫기 때문에 원활한 광합성이 이루어지지 않는다.

다행히 파충류 전용 케이스의 경우는 상단부가 철망으로 개방이 되어 있어 밀폐형 케이스보다는 외부 공기가 유입될 여지기 있지만 방심은 금물이다. 수온이 30도 이상 올라가지 않도록 수시로 체크하자. 여름철에는 지속적인 환기에 각별히 신경을 써야 하는 이유다.

팔루다리움 만드는 법

☑ 엑소테라 303045 케이스, 포맥스, 폴리나젤 스펀지, 실리콘, 글루건, 커터칼, 가위, 수중모터, 고무호스, 어항히터, 원예용 부직포, 화산석, 피트모스, 수태, 돌, 유목, 코르크튜브, 모래, 테라보드, 테라클로드, 분재철사, 깃털이끼, 정글플랜츠 등

❶ 커터칼로 포맥스 여과박스를 제작한다.(약 12x12x40cm)

❷ 여과박스 하단부에 입출수구 구멍을 뚫은 후 케이스 뒷벽 모서리에 고정한다. 입출수구는 실리콘으로 폴리나젤 스펀지를 붙인다.

❸ 여과박스에 고무호스를 연결한 수중모터를 넣고 여과박스에 호스 지름 크기로 구멍을 내어 호스를 빼준다.

❹ 물을 담고 수중모터를 가동하여 물이 나오는지 테스트 후 이상 없으면 물을 뺀다.

❺ 폴리나젤 스펀지를 쌓아 육지부를 만든 후, 그 위에 원예용 부직포를 덮는다.

❻ 유목, 코르크튜브 등 벽면 재료(79쪽)로 벽면을 레이아웃한다. 여과박스를 눈에 보이지 않게 재료로 덮는 것이 중요하다

❼ 유목과 돌 등으로 육지부와 수중부의 경계를 만든다.

❽ 원예용 부직포(육지부) 위에 수태와 적옥토(3:7)를 배합하여 깐다.

❾ 케이스에 물을 담고 물 공간에 어항용 모래를 담고 물을 붓는다.

팔루다리움 관리 요령

- 여과박스 안에 이물질이 들어가면 수중모터가 고장 날 수 있으니 제작 과정에서 이물질이 들어가지 않도록 주의하자.
- 물 공간에 바닥재 돌, 피트모스가 틈 사이로 빠져 들어갈 수 있다. 돌, 유목 등을 사용하여 재료가 흘러나오지 않게 육지와 물 공간을 명확히 구분해주자.
- 수온에 민감한 생물을 키울 경우 여과박스 안에 수중 히터를 넣어 수온을 관리하자.
- 유목이 물에 닿으면 자연스럽게 블랙 워터가 만들어진다. 블랙 워터가 취향이 아니라면 물이 닿지 않는 곳에 유목을 배치하자.
- 물고기를 키우는 팔루다리움의 경우에는 1~2주에 한 번씩 환수하고 박테리아 활성제, 수질 안정제 등을 넣어 수질을 관리하자.
- 자동 미스팅기를 설치하면 간편하게 수분을 공급할 수 있다.
- 식물은 제작 이후에도 추가 식재가 가능하니 식물의 성장 속도와 크기를 고려하여 식재하자.

병해충과 곰팡이 박멸하는 법

방제보다 중요한 예방

테라리움을 제작하고 유지 관리를 하다 보면 생각지도 못한 어려움을 마주하게 된다. 식물이 시드는 일은 물론이고 빛과 습도 조절 실패로 이끼가 타버리거나 짓무르는 경우가 허다하다. 하지만 테라리움을 만들고 돌보는 사람들에게 가장 위협적인 것은 병해충과 곰팡이일 것이다.

언제 어디서부터 들어왔는지 출처 모르는 벌레가 테라리움 사육장 안을 기어 다니고 날아다니거나, 멋지게 레이아웃한 유목에 하얗고 파란 곰팡이가 생긴다면 말 그대로 억장이 무너진다. 해충과 곰팡이가 테라리움 내부에 심각하게 번졌다면 테라리움을 리셋하거나 최악의 경우로는 버려야 하는 상황까지 이르게 된다.

또한, 테라리움에서 탈출한 뿌리파리와 같은 벌레가 불 꺼진 방 안에 핸드폰 불빛을 따라 날아다닌다면 그것만큼 스트레스가 없다. 테라리움에 불쑥 찾아온 병해충과 곰팡이를 막고 이를 예방하는 방법에 대해 알아보도록 하자.

세척과 검역은 필수

식물을 세척해야 하는 이유

초대하지 않은 골칫거리 손님들은 테라리움에 넣는 흙이나 바닥재 재료, 돌, 유목에서 나오는 경우가 대다수다. 화산석의 기공 사이에 붙어오거나 흙이 많이 묻어 있는 황호석에 붙어서 오기도 하고, 유목의 틈 사이사이에 알을 낳아서 함께 오는 경우도 많다. 따라서 테라리움을 제작하는 과정에서 재료를 잘 세척하여 예방하는 것이 중요하다.

특히 이끼의 경우 주변에서 쉽게 채집할 수 있기 때문에 물로만 헹군 뒤 테라리움에 사용하는 경우도 많다. 하지만 병충해 유입의 가장 큰 원인 중 하나가 밖에서 채집한 이끼를 세척, 검역하지 않고 사용했을 때다.

자연에는 셀 수 없이 많은 벌레가 존재하고 그 벌레들의 알이 땅속에 숨겨져 있다. 그 알들이 이끼에 붙어 있을 확률도 굉장히 높다. 채집한 이끼는 벌레뿐만 아니라 어떤 해로운 물질이나 세균들이 살고 있는지 모르기 때문에 필수적으로 세척해야 한다. 이끼를 구입하여 사용한다고 해도 마냥 안전한 것은 아니다. 모든 이끼 판매처가 그러는 것은 아니지만 자연에서 직접 채취하거나 기르는 이끼를 판매하는 곳도 많기에 테라리움을 제작하기 전에 꼭 이끼를 세척, 검역하는 과정을 거치는 것을 권장한다.

이끼 검역 잘하는 법

이끼를 세척하고 검역하는 방법은 간단하다. 필요한 재료는 물과 구연산 두 가지다. 구연산은 바이러스, 세균을 없애는 살균 소독제다. 마트나 인터넷에서도 저렴한 가격에 쉽게 구할 수 있다. 먼저 채집하거나 구매한 이끼를 흐르는 물에 잘 씻어준다. 이끼의 윗부분과 밑에 묻은 흙과 이물질을 제거해주고 눈에 보이는 불필요한 것들을 손과 핀셋을 사용하여 전부 없애준다.

이 과정은 더 이상 흙탕물이 나오지 않을 때까지 진행하면 된다. 그다음으로 물과 구연산을 15:1 비율로 희석하여 이끼를 5분간 담가둔다. 물의 온도는 뜨겁지 않은 차갑거나 시원한 물을 사용하는 것이 좋다. 물의 온도가 높으면 이끼가 익거나 변질될 수 있다. 구연산을 희석한 물에 담가둔 이끼를 건져내어 이끼 사이사이에 남아있는 구연산을 흐르는 물로 몇 차례 씻어 없애준다.

더 확실하게 구연산 성분을 없애려면 물을 담은 양동이에 하루 정도 이끼를 담가둔다. 이 세척 방법은 이끼뿐만 아니라 바닥재에 사용하는 돌이나 레이아웃 재료를 세척할 때 사용해도 좋다. 다만 돌, 유목을 실리콘, 접착제를 사용하는 작업을 할 때는 세척 후에 완전히 건조한 후 사용하는 것이 좋다.

이렇게 아무리 꼼꼼히 병충해를 막기 위해 재료를 세척하고, 노력해도 사람 눈에 보이지 않을 만큼 작은 벌레 알을 완벽하게 잡아내는 것은 불가능하다. 또한, 테라리움을 완성한 이후에 외부에서 들어오는 일도 자주 있으니 말이다. 따라서 테라리움을 완성한 이후에도 병충해 예방과 관리를 필수적으로 해줘야만 한다.

해충의 종류

테라리움 속에 등장하는 해충들은 우리가 일반적으로 키우고 관리하는 화분에서 나오는 해충과 같거나 비슷하다. 깍지벌레, 진딧물, 뿌리파리 등이 있다. 심지어는 여름철에 모기까지 나온다.

깍지벌레는 식물의 잎이나 줄기에 기생하는 벌레다. 주로 식물의 진액을 빨아먹고 번식력이 강하다는 특징이 있어서 제때 제거해주지 않으면 빠르게 번식하여 테라리움 내부를 금방 쑥대밭으로 만든다.

진딧물도 깍지벌레와 마찬가지로 번식력이 굉장히 강하고 식물의 진액을 빨아먹고 자란다는 특징이 있다. 게다가

미처 소화하지 못한 진액을 배설물로 배출하는데, 이 배설물이 식물의 기공을 막아서 병들게 하거나 곰팡이를 유발하기도 한다. 이러한 고약한 특징으로 인해 진딧물이 번식한 테라리움 내부의 식물들은 버티지 못하고 죽게 될 것이다.

뿌리파리는 1~4mm 정도 크기의 아주 작은 벌레다. 크기가 작은 만큼 일상에서는 일반 방충망으로 막을 수 없을 뿐더러 테라리움의 작은 틈 사이로 들어와서 불쾌감을 주는 해충이다. 사람의 피를 빨거나 물지는 않지만, 습기가 뿜어져 나오는 얼굴 주변을 맴돌며 굉장히 거슬리게 하는 존재이다. 완전히 밀폐하여 관리하는 유리병보다는 환기구가 있거나 구멍이 뚫린 덮개를 사용하는 케이스에서 많이 발견되고 원활하게 번식한다.

또한 습한 토양에 알을 낳는 습성이 있어 뿌리파리에게 테라리움을 좋은 환경이다. 이를 방지하기 위해 피트모스를 바닥재로 쓰지 않는 것이 좋다. 사람에게 큰 피해를 주지는 않지만 식물에게는 고사의 원인이 되는 해충이니 발견된다면 빠른 조치가 필요하다.

해충의 방제

살충제로 박멸하기

테라리움에 생긴 해충을 없애는 방법에는 직접적으로 없

애는 방법과 간접적으로 예방하는 방법이 있다. 물론 두 가지 방법에는 장단점이 있다.

직접적인 방법으로는 살충제를 뿌리는 것이다. 다만 식물에게 영향이 갈 정도로 독하거나 유해한 살충제는 식물과 테라리움 환경에 피해를 줄 수 있으니 사용하지 않는 것이 좋다. 또한, 식물만 기르는 테라리움이 아닌 파충류, 양서류, 물고기와 같은 반려동물을 기르는 비바리움이나 팔루다리움 사육장에는 사용을 피해야 한다. 살충제의 화학성분은 반려동물에게 치명적일 수 있다. 살충제는 테라리움 내부에 최악의 상황이 찾아왔을 때 마지노선으로 사용하는 방법이니 작은 벌레가 한 마리 보였다고 해서 바로 사용하면 너무 섣부른 조치라고 볼 수 있다.

벌레 트랩로 뿌리파리 잡기

벌레 트랩은 뿌리파리와 같이 날아다니는 해충이 많이 번식했을 때 유용하다. 개방해둔 테라리움 주변에 두거나, 비바리움과 팔루다리움 뚜껑 위에 끈적한 벌레 트랩을 설치한다면 완전히 박멸하지는 못하겠지만 확실히 개체 수를 줄일 수 있다. 벌레 트랩을 구매하여 사용할 수도 있지만 벌레 트랩을 직접 만들 수도 있다.

벌레 트랩 만드는 법

1. 종이컵에 식초를 담고 설탕을 1~2스푼 넣는다. 벌레는 시큼하고 달콤한 향을 좋아하기 때문에 식초의 신 냄새와 설탕의 단 냄새로 벌레를 유인할 수 있다.
2. 주방세제와 식초물을 1:1 비율로 넣는다. 주방세제는 트랩에 들어온 벌레가 미끄러져 나오지 못하게 한다.

습한 환경 건조시키기

벌레는 습하고 축축한 환경을 좋아하고 젖은 흙 속에서 번식력이 강해진다. 즉, 흙이 너무 축축하거나 배수층에 물이 고여 과습이 온 테라리움에 병충해가 잘 생긴다. 이끼리움이라면 케이스의 뚜껑을 완전히 개방하여 바싹 건조시켜주는 것도 방법이다. 벌레가 싫어하는 환경을 만들어주는 것이다. 이끼는 건조한 환경 속에서 바로 죽지 않고 동면에 들어가기 때문에 테라리움을 잠시 건조시킨다고 해서 시들거나 죽지 않는다. 테라리움 내부를 건조시켜서 병충해 문제를 해결한 후 다시 물을 공급해주면 이끼는 다시 푸른 상태를 유지하며 살아갈 것이다.

곰팡이의 출현

병해충에 이어 테라리움에 다짜고짜 침입하는 불청객이

있다. 바로 곰팡이다. 곰팡이균은 눈에 보이지 않을 만큼 작고 우리가 생활하는 어느 곳에도 존재하는 종속영양생물이다. 그 종류 또한 많다. 지구상에는 10만여 개 종의 곰팡이가 발견되고 기록되고 있다고 한다.

곰팡이는 공기 중에 먼지처럼 포자를 날리기 때문에 인간에게 알레르기, 천식, 질병 유발하기도 한다. 이러한 곰팡이는 테라리움에 들어간 흙 속에 생기기도 하고 레이아웃 재료인 돌과 유목에 생기기도 한다. 테라리움 내부는 산소가 존재하고 60% 이상의 높은 습도가 유지되어 곰팡이가 좋아하는 환경이다. 하지만 테라리움에 곰팡이가 조금 생겼다고 망연자실할 필요는 없다.

곰팡이는 해롭기만 한 존재는 아니다. 곰팡이는 자연 생태계에서 죽은 동식물의 사체나 배설물을 분해하는 일을 하는 없어서는 안 될 존재다. 지구에 곰팡이가 없다면 모든 동물의 사체나 배설물이 그대로 남아서 생태계는 쓰레기장처럼 변해버릴 것이다. 테라리움에 곰팡이가 생긴다면 미관상 좋지 않고 그 곰팡이가 이로운 곰팡이인지 분별할 수 없으니 미리 예방하고 제거하는 것이 바람직하다.

곰팡이의 방제

테라리움의 정원사, 톡토기

톡토기Springtail라는 벌레를 넣는 방법이 있다. 톡토기는 곰팡이와 흙 속에 유기물을 먹고 분해하는 이로운 분해 생물이다. 즉, 테라리움의 정원사, 청소부 같은 존재다. 일반 가정집 화분에도 자주 등장한다. 그 속에서 식물에게 이로운 일을 하지만 사람들에게 징그럽다는 이유로 심리적 해충으로 불리는 생명체다. 톡토기가 있는 테라리움과 없는 테라리움은 확연한 차이가 있다.

테라리움은 곰팡이뿐만 아니라 식물에게 해가 되는 여러 균을 막아주고 심지어 시든 잎까지 분해해주어 테라리움 내부를 깔끔하고 쾌적하게 만들어준다. 톡토기는 번식력 또한 좋으므로 일회용 플라스틱 컵이나 용기에 흙을 담아서 케어박스를 만든 후 개체 수를 늘릴 수가 있다.

톡토기 번식 방법

1. 용기에 테라리움 배수층과 동일하게 숯활성탄을 넣고 난석, 화산석, 마사토와 같은 돌을 넣고 흙을 담는다.
2. 톡토기는 흙 속에서도 잘 살지만, 구조물 밑에 숨어 사는 것을 좋아하기 때문에 낙엽이나 나무 조각을 넣어주면 좋다.
3. 톡토기가 먹고 자랄 물고기 사료나 곡물가루와 같은 소량의 유기물을 넣어준다.

톡토기 외에도 테라리움에 사용할 수 있는 또 다른 분해 생물이 있다. 흔히 공벌레, 쥐며느리라고 부르는 등각류다. 그 종류도 굉장히 다양하지만 '드워프 화이트Dwalf White Isopod'라고 부르는 등각류를 흔히 사용한다. 드워프 화이트는 초소형 쥐며느리라고 불릴 만큼 우리가 아는 등각류보다 크기가 작은 것이 특징이고 톡토기와 마찬가지로 곰팡이와 테라리움 속 여러 해로운 균과 동물의 배설물을 분해해준다. 최근에는 등각류를 반려동물로 키우는 사람도 늘고 있다. 다양한 색감과 무늬를 가진 등각류를 테라리움에 넣어서 키워보는 것도 하나의 재미 포인트가 될 수 있다.

약품의 사용

약품을 사용하여 곰팡이를 억제하는 방법도 있다. 첫 번째로는 시중에서 판매하는 테라리움 전용 곰팡이 예방제를 사용하는 방법이다. GEX사의 '아쿠아 테라 리퀴드' 제품이다. 이러한 제품은 테라리움 속의 유목, 조경석에 발생하는 곰팡이를 억제해줄 뿐만 아니라 냄새 제거, 식물 성장에도 도움을 준다. 심지어 도마뱀과 같은 생물에게도 무해하니 비바리움, 팔루다리움과 같은 사육장에 사용하기에도 적절하다.

어항용 박테리아, 미생물 활성제를 물에 희석하여 사용하는 방법도 있다. 물을 100배 희석하여 분무기에 담은 뒤 곰팡이가 잘 생기는 부분에 분무하면 이로운 박테리아가 유목과 돌 사이 사이에 침투하여 곰팡이의 번식을 억제해준다.

테라리움과 팔루다리움을 관리하다 보면 버섯이 자라는 경우도 있다. 버섯의 종류도 수없이 많지만, 테라리움에 주로 등장하는 버섯은 노란색을 띠는 노란각시버섯과 중앙에 둥근 갈색 모양이 있는 갈색중심각시버섯, 흰계란모자버섯 등이 있다. 물론 모두 식용으로 사용할 수 없는 버섯이다. 하지만 사육장에 버섯이 자라는 것을 보는 것도 하나의 재미 포인트가 될 수 있다. 심지어 버섯을 키우고 관찰하는 테라리움인 키노코리움kinocorium이라는 장르도 있다.

이 책에 소개된 식물

이 책에 소개된 테라리움 용어

- **건계형 테라리움** 건조한 사막 기후에 사는 식물을 중심으로 꾸미는 테라리움.
- **습계형 테라리움** 습도가 높은 열대 우림에 사는 식물을 중심으로 꾸미는 테라리움.
- **저면** 테라리움의 바닥층과 배수층을 포함한 하단부 전체를 이른다.
- **바닥층** 식물을 식재하기 위한 층으로, 저면의 상단부에 위치한다.
- **바닥재** 식물을 식재하는 바닥층을 이루는 재료. 적옥토, 수태 등이 대표적이다.
- **배수층** 물 빠짐을 위한 층으로, 저면의 하단부에 위치한다.
- **배수재** 물 빠짐을 위한 바닥층을 이루는 재료. 난석, 적옥토, 폴리나젤 스펀지가 대표적이다.
- **전경** 테라리움의 맨 앞 부분을 이른다. 주로 낮은 식물이 위치한다.
- **중경** 테라리움의 중앙 부분을 이른다. 주로 잎 넓은 식물이 놓인다.
- **후경** 테라리움의 맨 뒷 부분을 이른다. 주로 가늘고 풍성한 식물이 놓인다.
- **정글바인** 열대우림에서 자라는 덩굴의 줄기.
- **트리밍** 줄기 또는 잎을 잘라주는 일을 말한다.